建筑施工特种作业人员培训教材

塔式起重机安装拆卸工

仝茂祥　宋旭峰　编

中国建筑工业出版社

图书在版编目（CIP）数据

塔式起重机安装拆卸工/仝茂祥，宋旭峰编. —北京：中国建筑工业出版社，2017.10
建筑施工特种作业人员培训教材
ISBN 978-7-112-21191-3

Ⅰ.①塔… Ⅱ.①仝…②宋… Ⅲ.①塔式起重机-安装-技术培训-教材 Ⅳ.①TH213.306.6

中国版本图书馆 CIP 数据核字（2017）第 219887 号

建筑施工特种作业人员培训教材
塔式起重机安装拆卸工
仝茂祥　宋旭峰　编

*

中国建筑工业出版社出版、发行（北京海淀三里河路 9 号）
各地新华书店、建筑书店经销
北京科地亚盟排版公司制版
廊坊市海涛印刷有限公司印刷

*

开本：850×1168 毫米　1/32　印张：7⅝　字数：196 千字
2018 年 1 月第一版　　2018 年 1 月第一次印刷
定价：**33.00** 元
ISBN 978-7-112-21191-3
（30847）

本书为建筑施工特种作业人员培训教材之一，主要针对塔式起重机安装拆卸工的安全技术培训，全书内容共分十部分，包括专业基础知识、塔式起重机概述、塔式起重机组成及原理、塔式起重机安全装置、塔式起重机主要零部件、塔式起重机基础、塔式起重机安装施工技术、塔式起重机拆卸施工技术、塔式起重机安装拆卸施工管理和塔式起重机安装拆卸事故案例。

　　本书考虑工作和培训需要，充分体现实践指导性，既可作为企事业单位建筑塔式起重机安装拆卸工的培训教材，也可作为建筑塔式起重机安装拆卸工的常备参考书和自学用书。

　　责任编辑：朱首明　李　明　李　阳　赵云波
　　责任设计：李志立
　　责任校对：李欣慰

前　言

　　建筑施工特种作业人员是指在房屋建筑和市政工程施工活动中，从事可能对本人、他人及周围设备设施的安全造成重大危害作业的人员。为加强对建筑施工特种作业人员的管理，防止和减少生产安全事故，《安全生产法》第 27 条规定，生产经营单位的特种作业人员必须按照国家有关规定经专门的安全作业培训，取得相应资格，方可上岗作业。《建设工程安全生产管理条例》第 25 条规定：垂直运输机械作业人员、安装拆卸工、爆破作业人员、起重信号工、登高架设作业人员等特种作业人员，必须按照国家有关规定经过专门的安全作业培训，并取得特种作业操作资格证书后，方可上岗作业。住房和城乡建设部先后发布施行了《建筑施工特种作业人员管理规定》和《关于建筑施工特种作业人员考核工作的实施意见》，对建筑特种作业种类、培训、考核、取证等作出了明确的规定。

　　根据上述法律法规和《建筑施工特种作业人员安全技术考核大纲（试行）》和《建筑施工特种作业人员安全操作技能考核标准（试行）》的规定，以及近几年国家发布的标准规范的技术要求，为适应特种作业人员安全培训和工作实践的需求，中国建筑工业出版社组织编写了系列"建筑施工特种作业人员培训教材"（新版）。

　　全书内容共分十章，包括专业基础知识、塔式起重机概述、塔式起重机组成及原理、塔式起重机安全装置、塔式起重机主要零部件、塔式起重机基础、塔式起重机安装施工技术、塔式起重机拆卸施工技术、塔式起重机安装拆卸施工管理、塔式起重机安装拆卸事故案例。

　　本教材针对建筑施工特种作业人员各工种的安全技术考核

培训，紧扣考核大纲和技能操作考核标准，具有科学性、实用性和适用性的特点，内容深入浅出、通俗易懂、图文并茂。本教材充分考虑实际培训的需要，以建筑施工特种作业人员安全技术培训实践为基本定位，以服务于各培训单位和培训人员为目标。同时，还可作为企事业单位安全管理人员的培训参考用书。

本书作者仝茂祥系教授级高级工程师、国家注册安全工程师、主编出版建筑起重机械、建筑起重司索信号工、流动式起重机械等国家统编教材，获得国家专利授权 100 多项。宋旭峰系中核集团中同辐股份有限公司人力资源部副经理。

由于本教材编写工作技术性较强，参与编写的专家虽付出了艰苦的努力，但是也难免出现一些缺点和不足，恳求广大读者提出宝贵意见和建议，以便今后修订完善。

目　　录

一、专业基础知识

专业基础知识是指与本专业密切相关的基础性知识，既体现了专业性，又表现出实用性，是塔式起重机安装拆卸工（以下简称安拆工）必备的知识，安拆工专业基础知识包括力学知识、电学知识、发动机基本原理、机械传动知识、液压传动知识等。

（一）液压传动基础知识

在自升塔式起重机中，庞大而高耸的钢结构体被轻轻顶起或缓缓降落，主要依赖于液压传动系统的作用。

1. 液压传动基本理论知识

（1）采用液体作为工作介质，将发动机的动力传给工作装置的传动方式称为液体传动。液体传动又分为液压传动和液力传动。液压传动和气压传动称为流体传动。

（2）液体传动、液压传动、液力传动三者之间的区别在于：

1）液体传动：在传动系统中，以液体（矿物油）为介质进行能量传递与控制的装置称为液体传动装置，简称液体传动。

2）液压传动：依靠工作液体的压力能进行能量传递或控制的装置，称为液压传动装置，简称为液压传动。液压系统中力的传递遵循帕斯卡原理，遵循能量守恒定律。

3）液力传动：依靠工作液体的动能进行能量传递与控制的装置，称为液力传动。

（3）液压传动的基本原理：液压传动的本质是将原动机的机械能转换为液体的压力能传递后，再通过工作机转换为机械能做功。液压传动的基本原理是利用液压泵将电动机的机械能转换为液体的压力能，通过液体压力能的变化来传递能量，经过各种控制阀和管路的传递与控制，借助于液压执行元件（液压缸或液压马达）把液体压力能转换为机械能，从而驱动工作机构，实现直线往复运动或回转运动。液压传动基本原理，如图 1-1 所示。

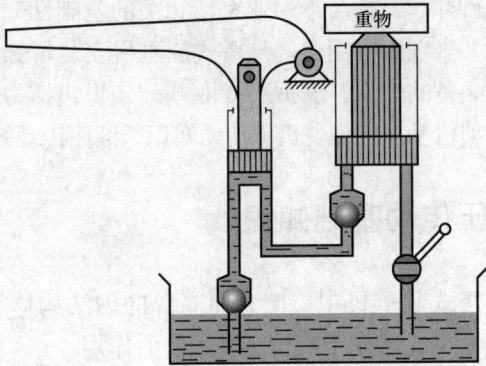

图 1-1　液压传动的基本原理示意

（4）液力传动的基本原理：液力传动是液体传动的一个分支，它是由几个叶轮组成的一种非刚性连接的传动装置。这种装置把机械能转换为液体的动能，再将液体的动能转换为机械能，起着能量传递的作用。如图 1-2 所示。

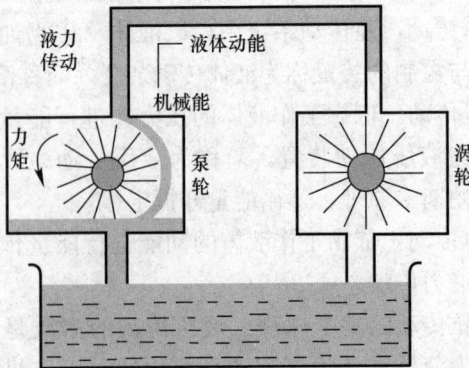

图 1-2　液力传动的基本原理示意

2. 液压传动系统的组成

一个完整的液压系统由五个部分组成，即动力元件、执行元件、控制元件、辅助元件和工作介质。

（1）动力元件（液压泵）：是利用液体把电动机的机械能转换成液压力能，是液压传动中的动力部分。

（2）执行元件（液压缸、液压马达）：是将液体的液压能转换成机械能。其中，油缸作直线运动，马达作旋转运动。

（3）控制元件：是对液压系统压力、流量和液流方向进行控制或调节的元件。包括溢流阀、换向阀、平衡阀和流量阀等。

（4）辅助元件：除上述三部分以外的其他元件，包括压力表、滤油器、蓄能装置（用于汽车式起重机）、冷却器、管件各种管接头（扩口式、焊接式、卡套式）、高压球阀、快换接头、软管总成、测压接头、管夹及油箱等。

（5）工作介质：在液压传动装置中，通常都采用矿物油（石油基液体）作为工作介质，它不但能传递能量，而且对液压装置的机构与零件起润滑作用。

3. 液压系统主要元件

常用的液压元件有液压泵、液压缸、双向液压锁、溢流阀、减压阀、换向阀、顺序阀、流量控制阀、液压辅件等。

（1）液压泵：液压泵是液压系统的动力元件。其作用是将电动机的机械能转换成液体的压力能。

（2）液压缸：液压缸是执行元件。液压缸一般用于实现往复直线运动或摆动，将液压能转换为机械能，它将压力能转变为活塞杆直线运动的机械能，推动机构运动。

（3）液压辅件：包括油管、管接头、油箱、滤油器等四个部分。

4. 液压油更换及选用

液压油是液压系统传递能量的工作介质，在液压元件的摩擦部位又起着润滑、冷却与密封的作用。

（1）要选择品质符合机型要求的液压油，更换时也必须使用同一品牌、同一型号的液压油。

（2）对液压油的黏度要求：使用 N32HL、N46HL 和 N68HL 三种型号的抗磨液压油。

（3）液压油的使用寿命：一般为 4000～5000h。

（4）拆开的油管必须更换密封圈，以防止泄漏。

（5）拆卸油管接头时，一定要确认管路中的压力是否泄尽，不得使机构处于工作状态。

（6）拆卸油管接头时，作业人员要尽量避开油管接头泄油的方向，以避免高压液压油喷射到作业者身上或脸上，发生危险，所以应该戴防护镜和穿防油的工作服。

（7）更换液压油时，机体附近禁止明火，并注意防火安全，准备好充分的消防设备。

5. 液压系统的安全技术要求

（1）液压系统应设有防止过载和液压冲击的安全装置；安全溢流阀的调整压力不得大于系统额定工作压力的 110%；系统的额定工作压力不得大于液压泵的额定压力。

（2）液压油泵不应有过热和泄漏；溢流阀、安全阀、单向阀、换向阀、液压控制元件应齐全、完好；油管及接头不得有渗漏。

（3）液压油泵不应有过热和泄漏，液压缸内壁、活塞杆表面应光洁，不得有损伤；应运行平稳、密封良好。

（4）散热器应清洁，工作时油温不应大于 60℃；滤清器应清洁、完好，液压油量应在油箱上下刻线标记之间。

（5）液压系统应有压力表、油量表，应指示准确无误。

（6）各平衡阀的开启压力应符合说明书要求。

（7）手动换向阀的操作与指示方向一致，操纵轻便，无冲击跳动。起升离合器操纵手柄应设有锁紧机构，工作可靠。

（8）液压系统应按设计要求用油，油量满足工作需要。

（9）油泵和液压马达无异响，系统工作正常，不得漏油。

6. 液压顶升工作原理

（1）工作原理：液压顶升机构是指用于自升式塔机标准节升高或降低的液压动力系统。液压顶升机构由油箱、滤油器、溢流阀、手动换向阀、平衡阀、顶升油缸、压力表、齿轮泵、电机组成。液压顶升时，通过电动机驱动液压泵，将电能转化成液压能，再经过控制阀驱动液压缸转变为机械能驱动负载，使下支座以上部分与塔身标准节脱开，来完成塔身的升高或降低。液压顶升工作机构由电机、齿轮泵、手动换向阀、油缸、套架、爬爪等组成。液压顶升工作机构传动系统示意，如图1-3所示。

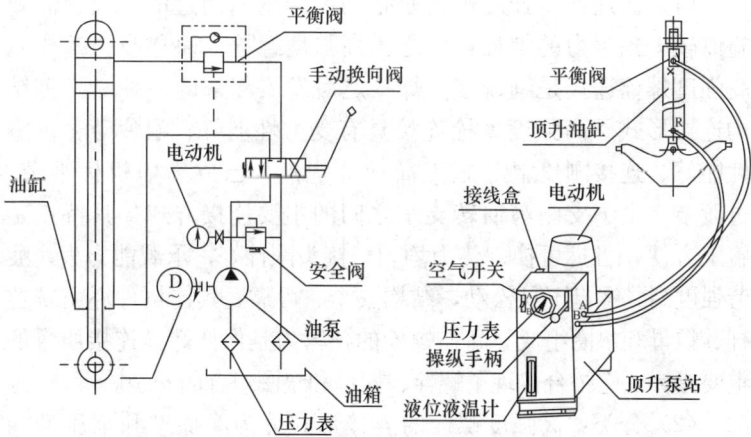

图 1-3　液压顶升工作机构传动系统示意

（2）顶升过程：顶升油缸吊装于套架后方的横梁上，下端活塞杆端有顶升扁担梁，通过扁担梁把压力传到塔身的主弦爬爪（也叫踏步）上，实现顶升作业。液压顶升机构在上升位置，如图1-4所示。

（二）塔机钢结构基础知识

1. 塔机上的钢结构

　　塔式起重机（简称塔机）因高耸而立的钢结构塔架而得名，钢结构在塔机中起着承载、支撑、强度等重要作用。塔机的钢结构亦称重要结构件，重要结构件是指钢结构的主要受力构件，因其失效可导致整机不安全的结构件，包括塔身（标准节）、起重臂、平衡臂（转台）、塔帽或塔顶构造、拉杆、回转支承座、附着装置、顶升套架或内爬升架、行走底盘及底座等。

2. 高强度螺栓连接

　　（1）概述：高强度螺栓是指用高强度钢制造的，或者需要施以较大预紧力的螺栓，称之为高强度螺栓（简称高强螺栓）。高强度螺栓连接是继铆接、焊接之后发展起来的一种新型钢结构连接形式。高强度螺栓连接具有受力性能好、耐疲劳、抗震性能好、连接刚度高、施工简便等优点，已成为塔机标准节、过渡节、上下支座与回转支承之间的主要连接方式。其特点是施工方便，可拆可换、传力均匀、接头刚性好，承载能力大，疲劳强度高，螺母不易松动，结构安全、可靠。其连接件亦由螺栓杆、螺母和垫圈组成。高强螺栓的预紧力是保证螺栓连接质量的重要指标，它综合体现了螺栓、螺母和垫圈组合的安装质量。

　　（2）分类：高强度螺栓的连接形式分为摩擦型和承压型两种，塔式起重机的标准节为主要受力构件，工作时承受轴力、弯矩、扭矩、动荷载，上下支座与回转支承承受制动系统和动荷载，因此连接一般采用摩擦型。

　　（3）区别于普通螺栓：高强度螺栓可承受的载荷比同规格的普通螺栓要大。普通螺栓的材料是 Q235（即 A3）。高强度螺栓的材料是 35 号钢或其他优质材料，制成后进行热处理，提高了强度。两者的区别主要是材料强度和生产工艺不同。

（4）高强度螺栓连接应符合以下要求：

1）塔机使用的高强螺栓应符合《塔机使用说明书》的规定，说明书未作出规定的，一般采用 8.8 级（回转支撑部位）和 10.9 级（标准节部位）高强螺栓连接。

2）塔机标准节和回转支撑等部位采用高强度螺栓连接，高强度螺栓安装及验收应符合《钢结构高强度螺栓连接技术规程》JGJ 82 的规定。承受预紧力和工作载荷的高强度。

3）安装塔身前，应先对高强度螺栓进行全面检查，核对其规格、等级标志，检查螺栓，螺母及垫圈是否损坏，确认无误后在螺母支承面及螺纹部分涂上少量润滑油以降低摩擦系数，保证预紧力和扭矩值。

4）高强度螺栓连接处构件接触面应按设计要求作相应处理，应保持干燥、整洁，不应有飞边、毛刺、焊接飞溅物、焊疤、氧化铁皮、污垢等，除设计要求外接触面不应涂漆。

5）高强度螺栓连接处构件接触面应设置平垫圈，不允许采用弹垫防松。

6）塔机标准节高强螺栓穿插方向有两种，一种是将螺栓自上而下穿插，另一种是自下而上穿插，其受力状况相同；在保证预紧力的情况下，自上而下穿插螺栓丝扣不易受到高空坠落物体的损坏，其丝扣朝下故防锈效果好，即使螺母松动，螺栓也不致脱落。

7）塔身高强度螺栓必须采用双螺母紧固，防止松动，其上端螺栓保留一个螺母的高度。

8）高强螺栓重复使用一般不应超过 2 次，且拆卸后应无任何损伤变形，否则应更换。

9）高强度螺栓应对角安装并分次预拧紧，采用专用扭力扳手终拧紧，高强度螺栓预紧力的数值应符合塔机随机使用说明书规定。在拧紧数值模糊的情况下，高强螺栓连接副终拧扭矩值，可参照表 1-1。

高强度螺栓的预紧力 P(kN)　　　　　　　　　表 1-1

螺栓的性能等级	螺栓规格						
	M12	Ml6	M20	M22	M24	M27	M30
8.8S	45	80	125	150	175	230	280
10.9S	55	100	155	190	225	290	355

10) 高强度螺栓连接承受预紧力和工作载荷的状态，如图 1-4 所示。

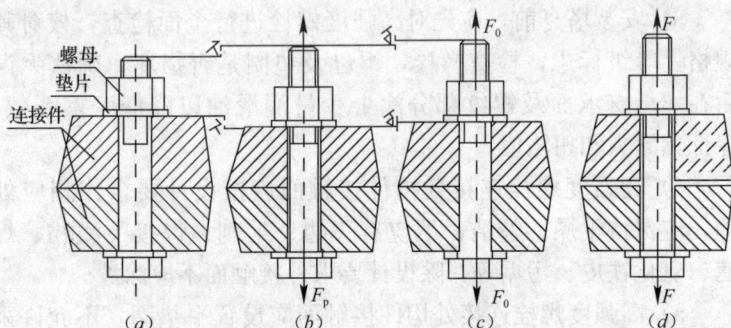

图 1-4　承受预紧力和工作载荷的高强度螺栓连接
(a) 开始拧紧；(b) 拧紧后；(c) 受工作载荷时；(d) 工作载荷过大时

(5) 限制使用条件：高强螺栓必须经检验合格，有下列情况之一的，不得使用：

①来源（制造厂）不明者；②机械性能不明的；③扭矩系数不明的；④有裂纹、伤痕、毛刺、弯曲、铁锈、螺纹磨损、油污、被水淋湿过或有缺陷的；⑤未附带性能试验报的；⑥与其他批号螺栓混合的；⑦螺栓长度不够的（拧紧后螺栓头露不出螺母 2～3 扣）；⑧连接副扭矩系数超过保证期的。

(6) 疲劳断裂：高强螺栓在塔机工作过程中要承受频繁的交变应力疲劳破坏以及露天作业的环境侵蚀等各种因素影响，高强螺栓易于断裂。塔机回转机构高强螺栓断裂造成的状态，如图 1-5 所示。

图 1-5 塔机回转机构高强螺栓断裂造成的状态

3. 塔机钢结构的要求

（1）塔机主要承载构件应采用镇静钢，钢材牌号及质量组别应符合设计文件的规定并有相关的证明文件。

（2）塔机主要承载结构件及焊缝的制造要求和检验应符合《塔式起重机　钢结构制造与检验》JB/T 11157 的有关规定。

（3）塔机钢结构外露表面不应有存水。封闭的管件和箱形结构内部不应存留水，防止内部锈蚀或冻胀破坏发生。

（4）塔机主要承载结构件的正常工作年限要求：

根据《建筑起重机械安全评估技术规程》JGJ/T 189 规定，应符合以下要求：

1）塔式起重机：630kN·m 以下（不含 630kN·m）、出厂年限超过 10 年（不含 10 年）。

2）630～1250kN·m（不含 1250kN·m）、出厂年限超过 15 年（不含 15 年）。

3）1250kN·m 以上（含 1250kN·m）、出厂年限超过 20 年（不含 20 年）。

（5）塔机在安装前和使用过程中，发现有下列情况之一的，不得安装和使用：

1）结构件上有可见裂纹和严重锈蚀的。

2）主要受力构件存在塑性变形、焊缝有裂纹的。

3）与钢结构连接件存在严重磨损和塑性变形的。

4）塔机主要承载结构件如塔身、起重臂等，失去整体稳定性时应报废。

5）塔机主要承载结构件由于腐蚀或磨损而使结构的计算应力提高，当超过原计算应力的15%时应予报废，对无计算条件的，当腐蚀深度达原厚度的10%时应予报废。

（6）塔机的塔身标准节、起重臂节、拉杆、塔帽等结构件应具有可追溯出厂日期的永久性标志。同一塔机的不同规格的塔身标准节应具有永久性的区分标志。

（7）自升式塔机的小车变幅起重臂，其下弦杆连接销轴不宜采用螺栓固定轴端挡板的形式。当连接销轴轴端采用焊接挡板时，挡板的厚度和焊缝应有足够的强度、挡板与销轴应有足够的重合面积，以防止销轴在安装和工作中由于锤击力及转动可能产生的不利影响。

（8）自升式塔机出厂后，后续补充的结构件（塔身标准节、预埋节、基础连接件等）在使用中不应降低原塔机的承载能力，且不能增加塔机结构的变形。

（9）安装拆卸作业中，不应降低原塔机连接销轴孔、连接螺栓孔安装精度的级别。

（10）起重臂连接销轴的定位结构应能满足频繁拆装条件下安全、可靠的要求。

（11）塔机金属结构设计时，应合理选用材料、结构形式和构造措施，满足结构构件在运输、安装和使用过程中的强度（含疲劳强度）、稳定性、刚性和有关安全性方面的要求，并符合防火、防腐蚀要求。

（12）在塔机金属结构设计文件中，应注明钢材牌号、连接材料的型号，对重要的受力构件还应注明对钢材所要求的力学性能、化学成分及其他的附加保证项目。另外，还应注明所要求的焊缝形式、焊缝质量等级。

4. 塔机钢结构缺陷安装分析

塔机安装时，塔机的主结构遇有缺陷情况不得安装或安装中不得影响主结构的安全稳定性，如塔机底座地脚螺栓松动、标准节高强螺栓严重锈蚀、塔机主结构标准节与脚手架违规倚靠、标准节与脚手架和槽钢倚靠并与电缆挤压摩擦等，这些都会影响塔机的主结构的稳定性，影响塔机安全运行。塔机的重要结构件一旦出现可见裂纹、严重锈蚀、磨损、变形以及以下情况，应当及时予以更换或纠正。

（1）塔机标准节的焊接处和方管裂纹，如图1-6所示。

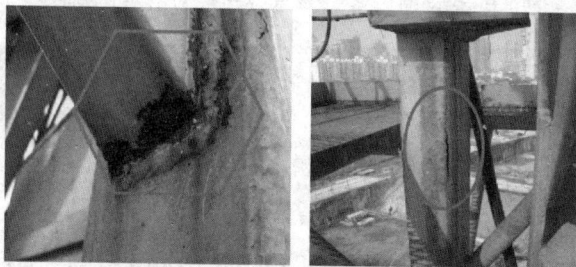

图1-6 标准节裂纹

（2）塔机标准节的焊接处裂纹，如图1-7所示。

图1-7 标准节焊接处裂纹

（3）塔机标准节外部严重锈蚀，如图 1-8 所示。

图 1-8　塔机外部严重锈蚀

（4）塔机起重臂和标准节严重变形，如图 1-9 所示。

图 1-9　起重臂和标准节严重变形

（5）塔机底架结构严重锈蚀、连接螺栓松动，如图 1-10 所示。

图 1-10　塔机底架结构严重锈蚀、连接螺栓松动

（三）起重机吊装基础知识

1. 钢丝绳吊索

钢丝绳吊索（亦称起重索）：吊装作业中所使用的起重绳索。是起重吊装作业中用于绑扎固定物体和吊运物体的绕性起重索具。钢丝绳吊索以钢丝绳为原料，经手工或钢丝绳插套机机械插编、钢丝绳压套机压制成索扣形式。

2. 麻绳索具

麻绳是指以各种麻类植物制成的绳索，是起重作业使用的绳索之一。可分为白棕绳、线麻绳和混合绳。白棕绳用龙舌兰麻制成；线麻绳用大麻或苎麻制成；混合绳用龙舌兰麻和苎麻混合制成。

3. 合成纤维绳

合成纤维绳又称化学纤维绳，简称化纤绳。合成纤维绳具有重量轻、质地柔软、弹性好、强度高、耐腐蚀、抗霉烂、耐油、不生蛀虫及霉菌、抗水性、伸缩性好等优点。合成纤维绳不耐高温，使用中应避免高温及锐角损伤。

4. 合成纤维吊装带

合成纤维吊装带是一种用于装卸与起升货物时连接起升工具和货物的柔性元件。它是选用高强度聚酯长丝（100％PES）制造而成，是防止物体在吊装中出现损伤的专用起重吊索具。合成纤维吊装带分为圆形带（R）和扁平带（W）两种。如风力发电机组的风叶和机舱或其他贵重物品必须采用合成纤维吊装带（扁平型）进行吊装。合成纤维由聚酰胺（尼龙）或聚酯或聚丙烯原料制作成。聚酰胺为绿色，聚酯为蓝色，聚丙烯为棕色，如图 1-11 所示。

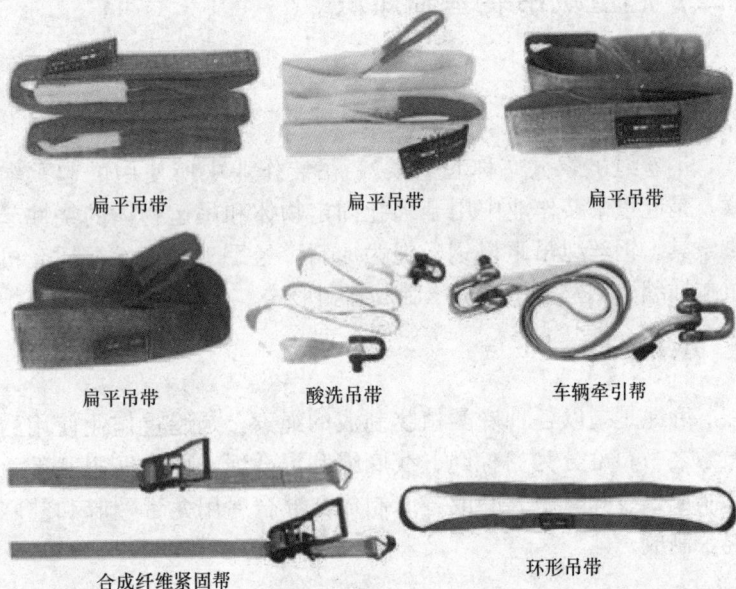

扁平吊带　　　　　　扁平吊带　　　　　　扁平吊带

扁平吊带　　　　酸洗吊带　　　　车辆牵引帮

合成纤维紧固带　　　　　　　　环形吊带

图 1-11　合成纤维吊装带

　　在吊装过程中应避免受到锐利器具的割伤，在起吊有锋利的角、边或粗糙表面的货物时，可采用吊带外层加带皮或聚酯保护的方式对吊带加以保护，以延长吊带的使用寿命。

　　吊装带使用时，应采用专用吊具（卸扣）实施相互连接，吊装带应挂入吊钩受力中心位置，防止脱钩，禁止吊装带打结、交叉、扭转、拴接使用，如图 1-12 所示。

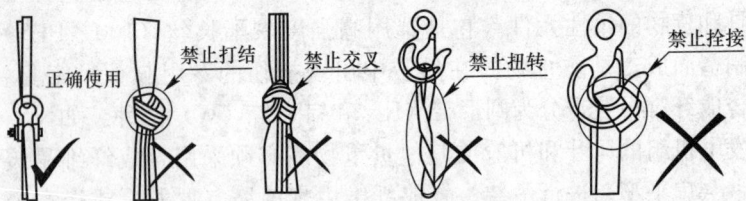

正确使用　　禁止打结　　禁止交叉　　禁止扭转　　禁止拴接

图 1-12　吊装带正确使用示意

二、塔式起重机概述

塔式起重机是建筑工地上最常用的用于吊运结构件、施工材料的建筑起重设备。广泛应用于工业与民用建筑、市政工程、路桥工程、电力工程、水利建设等领域。

（一）塔式起重机概况

1. 塔式起重机定义与属性

（1）定义：塔式起重机是指臂架安装在垂直塔身顶部的回转式臂架型起重机。塔式起重机是集物料垂直、水平输送以及全回转"三维"功能为一体的施工机械。塔机的机身为塔形钢架结构，能沿轨道行走或独立固定并与建筑物附着，配有全回转臂架式的起重机。塔机以一节一节的方式接长（高），好像一个铁塔的形式，因此而得名塔式起重机。塔式起重机具有工作效率高、使用范围广、回转半径大、起升高度高、操作方便以及安装与拆卸简便等特点。

（2）属性：根据《特种设备安全法》和《特种设备目录》规定，塔式起重机属于涉及生命安全、危险性较大的特种设备管理范畴。建筑塔式起重机属于普通塔式起重机（代码：4310）。塔式起重机属于国家有关行政部门监控范畴，塔机制造必须经国家行政管理机构许可，塔机安装、拆卸必须履行安装告知程序，塔机安装后必须经过第三方检验检测，并经备案登记后方准使用。

2. 塔式起重机的起源与发展

（1）起源：塔式起重机起源于西欧。据记载，第一项有关建筑用塔机专利颁发于 1900 年。1905 年出现了塔身固定的装有臂架的起重机。1923 年制成了近代塔机的原型样机，同年出现第一台比较完整的近代塔机。1930 年当时德国已开始批量生产塔机，并用于建筑施工。1941 年，有关塔机的德国工业标准 DIN8770 公布。该标准规定以吊载（t）和幅度（m）的乘积（t·m）一起以重力矩表示塔机的起重能力。

（2）发展：20 世纪 50 年代初，我国塔式起重机由仿制开始起步，1954 年在抚顺仿造试制成功第一台 TQ2-6 型塔机；进入改革开放时期，我国塔机制造业开始崛起，并得到快速发展，各类塔机应运而生，适应了各个领域的需求，满足了各种工作环境的使用要求。进入 21 世纪，我国塔机行业快速发展，塔机制造核心技术不断提高，我国已成为世界塔机的生产大国，也是世界塔机的主要需求市场之一。

（3）之最：2010 年我国塔机制造商为安徽马鞍山长江公路大桥建设工程项目成功研制并投入使用的一台超大型 D5200-240 塔机，最大起重力矩 5200t·m，在马鞍山长江大桥主塔建设施工中，成功吊起 240.5t 重量，成为世界上第一台能实现"双两百"的塔式起重机，即将 200t 以上的起重量（240t）起升到 200m 以上（210m）的高度。如图 2-1 所示。

2014 年我国塔机制造商又推出全球最大平头塔机 T3000-160V，最大起重量 160t、最大起重力矩 31200kN·m，最大工作半径 85m，最大独立高度 67m；85m 幅度处 2 倍率起重量为 27t，8 倍率最大起升高度 162.5m，4 倍率最大起升高度 325m。该机创下当时吉尼斯世界纪录，再一次刷新世界科研新高度，中国制造再一次创造世界之最！如图 2-2 所示。

3. 塔式起重机主要规范与标准

2006 年国家质量监督检验检疫总局和国家标准化委员会颁布了《塔式起重机安全规程》GB 5144—2006，此标准规定了塔式起重机在设计、制造、安装、使用、维修、检验等方面应遵守的安全技术要求。

马鞍山长江大桥建设施工中使用的D5200-240塔式起重机

图 2-1　D5200-240 塔机

图 2-2　T3000-160V 平头塔机

2006 年国家质量监督检验检疫总局和国家标准化委员会颁布了《塔式起重机　稳定性要求》GB/T 20304—2006，此标准规定了通过计算来检验塔式起重机抗倾覆稳定性应遵守的条件。

2008 年国家质量监督检验检疫总局和国家标准化委员会颁布了《塔式起重机》GB/T 5031—2008，此标准规定了塔式起重机的术语、分类与标识、技术要求、试验方法、检验规则、信息标识、包装、运输和贮存、安装及爬升、使用检查。

2009 年住房和城乡建设部颁布了《塔式起重机混凝土基础工程技术规程》JGJ/T 187—2009，此标准规定了塔式起重机混凝土基础工程设计与施工的基本要求。

2009 年住房和城乡建设部颁布了《建筑起重机械安全评估技术规程》JGJ/T 189—2009，此标准规定了塔式起重机和施工升降机的安全评估内容与方法。

2010 年住房和城乡建设部颁布了《建筑施工塔式起重机安装、使用、拆卸安全技术规程》JGJ 196—2010，此标准规定了塔式起重机的安装、使用和拆卸的基本技术要求。

2013 年国家质量监督检验检疫总局颁发了《塔式起重机安装与拆卸规则》GB/T 26471—2011，此规则规定了塔机安装与拆卸的基本要求、基本架设高度安装与拆卸前的准备、爬升、附着装置的安装与拆卸、内爬式塔机的安装与拆卸、安全保护装置的调试、安装后的调试与验收。

2013 年国家住房和城乡建设部颁布了《大型塔式起重机混凝土基础工程技术规程》JGJ/T 301—2013，此规程规定了建筑工程施工中额定起重力矩 400～3000kN•m 的固定式塔式起重机装配式混凝土基础（简称装配式塔机基础）的设计、构件制作、装配与拆卸、检查与验收。

2014 年国家住房和城乡建设部颁布了《建筑塔式起重机安全监控系统应用技术规程》JGJ 332—2014，此规程规定了建筑塔式起重机安全监控系统的安装、调试、检验及应用的规范性要求，此规程还规定了监控系统应能对塔机进行实时监控，及时直观显示塔机各项工作状态，记录塔机作业全过程，远程异地监控预警，真正做到预防为主，智能生成各种数据统计分析报表，便于监督和管理。塔机安全监控系统远程监控示意，如图 2-3 所示。

（二）塔式起重机分类

国家行政法规、国家标准和行业标准分别对塔式起重机的分类作了明确规定。

1. 国家质检总局塔机分类规定

根据国家质检总局关于修订《特种设备目录》（2014 年第 114 号）的规定（经国务院批准），塔式起重机分为普通塔式起重机和电站塔式起重机两类，代号为 4310 和 4320。普通塔式起重机一般应用于建筑施工中，电站塔式起重机，一般应用于水电站的建筑施工中，电站塔式起重机，如图 2-4 所示。

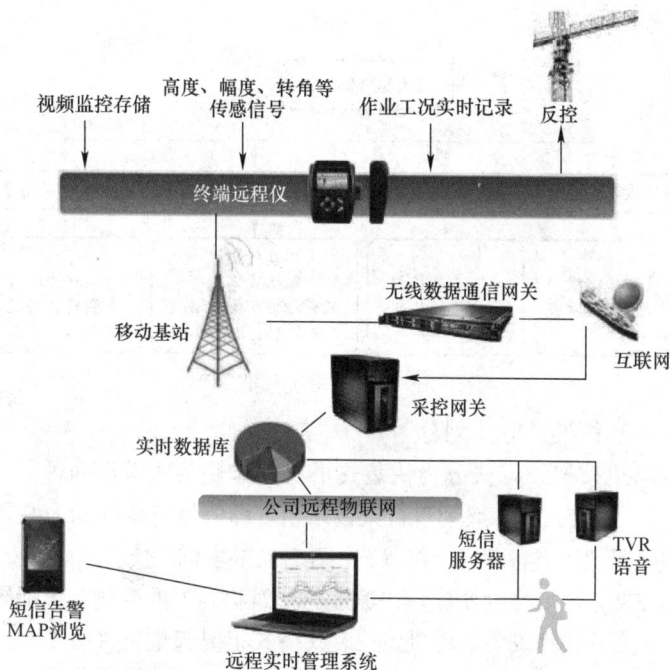

图 2-3 塔机安全监控系统远程监控示意

图 2-4 电站塔式起重机

2. 国家推荐标准对塔机的分类规定

根据《塔式起重机》GB/T 5031 的规定，塔式起重机分类按架设方式、变幅方式、臂架结构形式、回转方式四种方式划分，如图 2-5 所示。

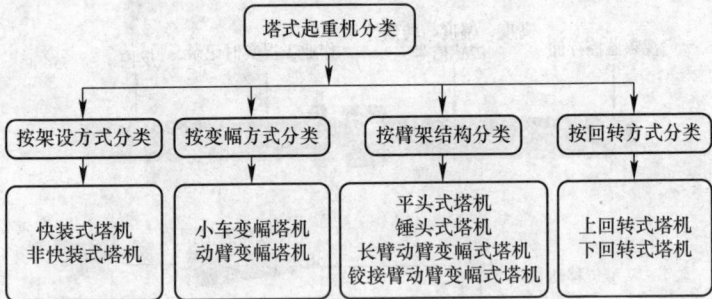

图 2-5　塔式起重机分类示意

（1）按架设方式划分

塔机按架设方式分为快装式塔机和非快装式塔机两种。

1）快装式：一般为自行架设塔机，即依靠自身的动力装置和机构能实现运输状态与工作状态相互转换的塔机。快装式塔机安装、拆卸方便，改变高度便捷，快速适应建筑物高度的变化。包括履带式、汽车式快速安装式塔机。快装式塔式工况起重机（履带型）如图 2-6 所示；快装式塔式工况起重机（汽车型）如图 2-7 所示。

图 2-6　快装式塔式
起重机（履带型）

图 2-7　快装式塔式
起重机（汽车型）

2）非快装式：一般为非自行架设塔机，即依靠其他起重设备进行组装架设成整机的塔机。非快装式塔机安装、拆卸较为复杂，一般起重臂杆在地面安装后靠自升起升拉力将起重臂杆搬起，拆卸时靠自身的制动力控制臂杆降落至地面。非快装式塔机主要包括轨道行走式塔机和电站塔式起重机，如图 2-8 所示。

图 2-8　非快装式塔式起重机

（2）按变幅方式划分

塔机按变幅方式分为水平臂小车变幅塔机和倾斜臂变幅塔机两种。

1）水平臂小车变幅塔机（简称小车变幅塔机），是指通过起重小车沿起重臂运行进行变幅的塔机，这类塔机的起重臂架始终处于水平位置，变幅小车悬挂于臂架下弦杆上，两端分别和变幅卷扬机的钢丝绳连接。在变幅小车上装有起升滑轮组，当收放变幅钢丝绳拖动变幅小车移动时，起升滑轮组也随之而动，以此方法来改变吊钩的幅度。小车变幅塔式起重机，如图 2-9 所示。

2）倾斜臂变幅塔机（简称动臂变幅塔机），是指通过臂架俯仰运动进行变幅的塔机，幅度的改变是利用变幅卷扬机和变幅滑轮组系统来实现的。起重臂上仰时，起升高度相应增加而不需要靠增加塔身标准节来实现；动臂变幅式塔机的最大起重量比相同起重力矩的水平臂塔机的大，很适合一次起吊的重量比较大的施工；动臂塔机结构复杂，能耗高。动臂塔机平衡臂（转台）的回转半径很短，起重臂上仰时，塔机工作幅度随之减小，因此十分有利于塔机灵活地避开空中的障碍物，减少施工工地塔机群之间的相互干扰。动臂变幅塔式起重机，如图 2-10 所示。

图 2-9 小车变幅塔式起重机　　图 2-10 动臂变幅塔式起重机

（3）按臂架结构形式划分

1）小车变幅塔机按臂架结构形式分为定长臂小车变幅塔机、伸缩臂小车变幅塔机和折臂小车变幅塔机。

2）按臂架支承形式小车变幅塔机又可分为平头式塔机和非平头式塔机（尖头或塔头）。

3）动臂变幅塔机按臂架结构形式分为定长臂动臂变幅塔机与铰接臂动臂变幅塔机。

按臂架结构形式划分常见的有锤头（尖头）式、平头式、折臂式三种：

平头式塔式起重机，是指无塔帽和起重臂拉杆等部件，其塔架与塔身为 T 形结构形式的上回转塔机，由于臂架采用无拉杆式，此种设计形式很大程度上方便了空中变臂、拆臂等操作，避免了空中安拆拉杆的复杂性及危险性。如图 2-11 所示。

非平头式塔式起重机，亦称锤头或称尖头塔机，其最大的特点是有塔帽和臂架悬索及拉杆，非平头式塔机广泛应用于动臂式和平臂式塔式起重机。如图 2-9 和图 2-10 所示。

折臂小车变幅塔机，是根据起重作业的需要，臂架可以弯折的塔机，该塔机可以同时具备动臂变幅和小车变幅的性能。折臂小车变幅塔机，如图 2-12 所示。

图 2-11　平头式塔式起重机　　图 2-12　折臂小车变幅塔机

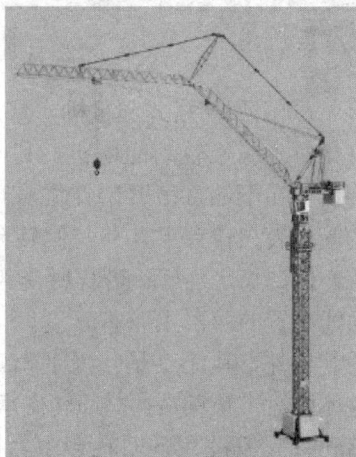

（4）按回转方式划分

分为上回转塔机和下回转塔机两种。

1）上回转塔式起重机，是指回转支承装设在塔机的上部的塔式起重机，其特点是塔身不转动，在回转部分与塔身之间装有回转支承装置，这种装置既将上、下两部分系为一体，又允许上、下两部分相对回转。按照回转支承构造形式，上回转部分的结构可分为塔帽式、转柱式、平台式和塔顶式几种。如图 2-13 所示。

图 2-13　上回转塔式起重机

2）下回转塔式起重机，是指回转支承设置于塔身底部、塔身相对于底架转动的塔机，其回转总成、平衡重、工作机构等均设置在下端，吊臂装在塔身顶部，塔身、平衡重和所有的机构等均装在转台上，并与回转台一起回转。此种塔机除了具有重心低、稳定性好、塔身所受弯矩较少（上回转塔身弯矩由对角线布置的两根主弦杆承受，下回转则由四个弦杆共同承受）的好处外，其优点是：因平衡重放在下部，能做到自行架设、整体搬运，缺点是：对回转支承要求较高，使用高度受到限制，驾驶室一般设在下回转台上，操作视线不开阔。下回转塔机，如图 2-14 所示。

3. 行业标准对塔机的分类规定

（1）分类：根据《建筑施工塔式起重机安装、使用、拆卸安全技术规程》JGJ 196 规定，建筑塔式起重机按架设方式、变幅方式、回转方式、加节形式四种方式划分。如图 2-15 所示。

图 2-14　下回转塔机

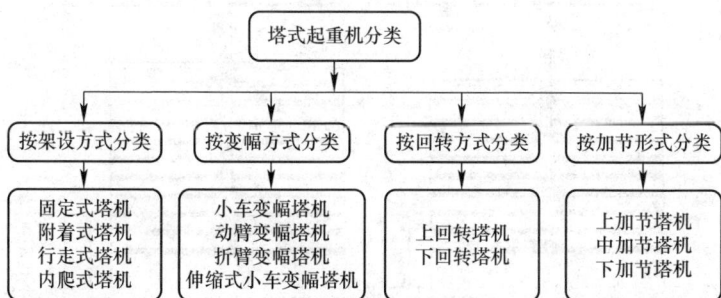

图 2-15　按《建筑施工塔式起重机安装、使用、拆卸安全技术规程》
JGJ 196 规定的塔机分类示意

（2）内爬式塔机：是一种安装在建筑物内部电梯井或楼梯间里的塔机，可以随施工进程逐步向上爬升，除专用内爬塔机外，一般自升式塔机通过更换爬升系统以及改造、增加一些附件，也可用作内爬塔机。内爬式塔机，如图 2-16 所示。

图 2-16　内爬式塔机

　　内爬式塔机的重复顶升操作，直到达到建筑物需要的高度为止。内爬式塔机顶升，如图 2-17 所示。

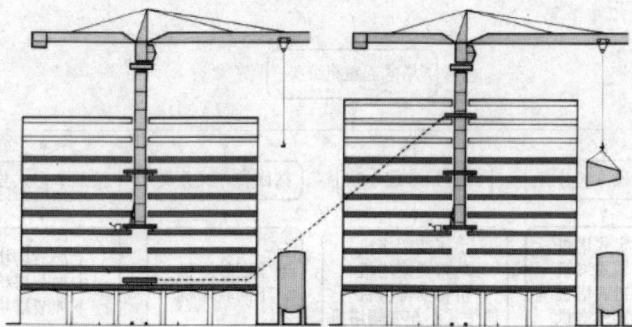

重复顶升操作，直到达到
建筑物需要的高度为止

图 2-17　内爬式塔机顶升示意

　　（3）附着式塔式起重机：是指塔机的底座和附墙架安装在建筑物的外侧，塔机安装在附着于建筑物外侧的底座上，其底座设置有下撑杆、上拉杆和斜撑杆，以保证塔机塔身的稳定性。该机型的塔机是受安装条件限制，或根据使用要求而选择的一种新型架设方式。附着式塔式起重机，如图 2-18 所示。

图 2-18 附着式塔式起重机

（4）行走式塔式起重机（亦称轨道式塔机）：是一种上回转或下回转自升式塔式起重机，适用于民用建筑、大跨度工业厂房等建筑工程施工。该机包括：起升机构、回转机构、变幅机构、行走机构及塔身、底架、起重臂、平衡臂、爬升架等金属结构部分。塔机行走机构由两个主动台车和两个被动台车组成。轨道行走式塔式起重机，如图 2-19 所示。

图 2-19　轨道行走式塔式起重机

（三）塔式起重机性能参数

塔式起重机的技术性能是用各种参数表示的，其基本参数包括：起重力矩、起重量、最大起重量、工作幅度、起升高度（独立高度、自由高度）五项；其他参数包括：工作速度、结构重量、尺寸、尾部尺寸及轨距等。

1. 起重力矩 M

起重力矩是指幅度 L 和相应起吊物重力 Q 的乘积，单位为 t·m 或 kN·m。起重力矩，如图 2-20 所示。

> **起重力矩**
>
> 起重力矩 M
>
> 幅度 L 和相应起吊物品重力 Q 的乘积称为起重力矩，单位为 kN·m。塔式起重机的起重能力是以起重力矩表示的。

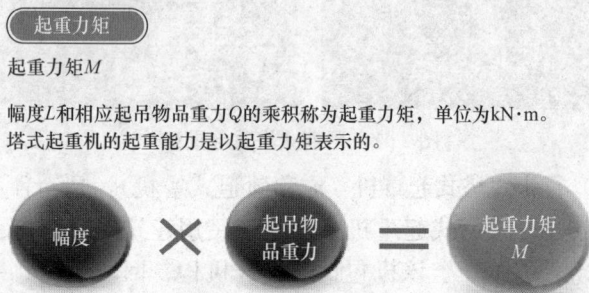

图 2-20　起重力矩示意

塔式起重机的起重能力是以起重力矩 M 表示的，它是以标准规定的最大工作幅度与相应的最大起重载荷乘积作为起重力矩的标准值。

计量公式为 M（乘积）$= L$（幅度）$\times Q$（载荷）

计量单位为 t·m 或 kN·m。换算关系为：1t·m＝10kN·m。

起重力矩量是塔式起重机工作能力的最重要参数，它是防止塔机工作时重心偏移，而发生倾翻的关键参数。由于不同的幅度的起重力矩不均衡，幅度渐大，力矩渐小，因此常以各点幅度的平均力矩作为塔机的额定力矩。

2. 起重量 G

起重量是指被起升重物的质量，单位为 t。起重量包括四个参数：即额定起重量、有效起重量、总起重量、最大起重量。起重量示意，如图 2-21 所示。

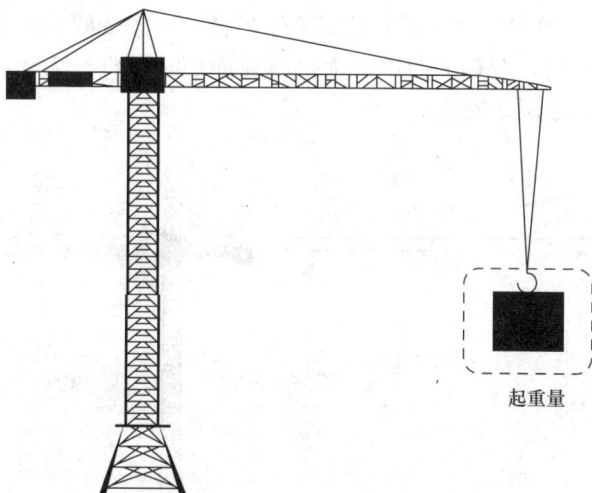

图 2-21　起重量示意

（1）额定起重量 G_n，是指起重机允许吊起的重物或物料，连同可分吊具（或属具）质量的总和（对于流动式起重机，包括固定在起重机上的吊具）。对于幅度可变的起重机，根据幅度规定起重机的额定起重量。

（2）有效起重量 G_p，是指起重机能吊起的重物或物料的净质量。对于幅度可变的起重机，根据幅度规定有效起重量。

（3）总起重量 G_t，是指起重机能吊起的重物或物料，连同可分吊具上的吊具或属具（包括吊钩、滑轮组、起重钢丝绳，以及在臂架或起重小车以下的其他吊物）的质量总和。对于幅度可变的起重机，根据幅度规定总起重量。

（4）最大起重量 G_{max}，是指起重机正常工作条件下，允许吊起的最大额定起重量。

3. 幅度 L

塔式起重机的幅度是指回转中心线至吊钩中心线的水平距

离（m），通常称为回转半径或工作半径。小车变幅的起重臂始终是水平的，变幅的范围较大，覆盖面广。塔机最大幅度和最小幅度，如图 2-22 所示。

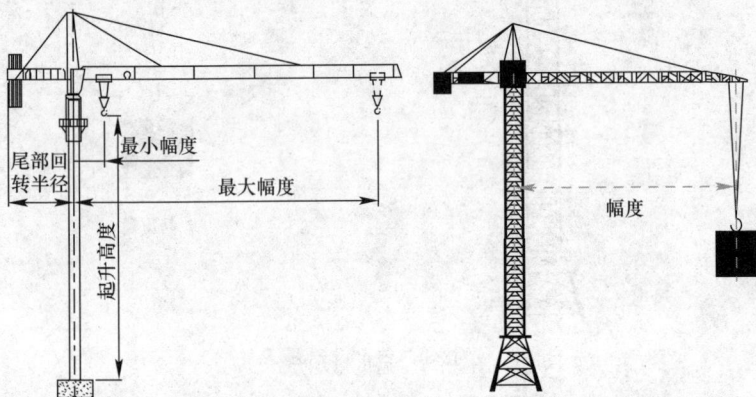

图 2-22　塔机最大幅度和最小幅度示意

幅度包括两个参数：最大幅度 L_{max} 和最小幅度 L_{min}。最大幅度 L_{max} 是指起重机工作时，臂架倾角最小或小车在臂架最外极限位置时的幅度。最小幅度 L_{min} 是指臂架倾角最大或小车在臂架最内极限位置时的幅度。

4.　起升高度 H

起升高度也称吊钩高度。塔机的起升高度与塔机是否安装附着装置密切相关，塔机安装附着装置后的起升高度要大于独立高度的起升高度。如图 2-23 所示。

（1）最大起升高度是指塔机起升机构的吊钩上极限与下极限位置的垂直距离。

（2）塔机独立高度，是指塔式起重机未附墙之前处于独立工作台状态时的塔身高度。

（3）塔机悬臂高度，是指塔式起重机附墙架最上面一道附着点之上塔身部分的高度。

（4）塔机安装时，塔身悬臂高度不得大于塔身独立高度。塔式起重机设置的独立高度和每道附着装置间距，应当符合使用说明书的规定，附着间距不得大于使用说明书规定的高度和间距。如图 2-24 所示。

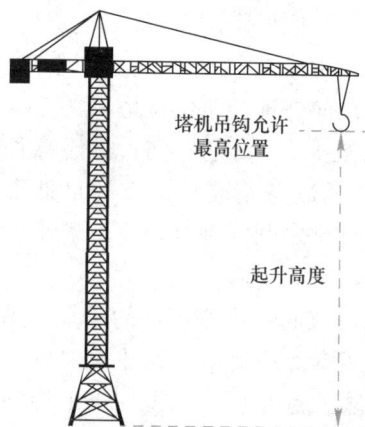

图 2-23　塔机起升高度示意　　　　图 2-24　独立和悬臂高度示意

5. 工作速度

塔式起重机的工作速度包括：起升速度、回转速度、变幅速度、大车行走速度等。

起升速度不仅与起升机构有关，而且与吊钩滑轮组的倍率有关，2 倍率的比 4 倍率的快一倍，单绳的比 2 绳的快一倍。

6. 尾部尺寸、部件重量及外廓尺寸

（1）尾部尺寸：下回转塔式起重机的尾部尺寸，是由回转中心至转台尾部（包括压重块）的最大回转半径。上回转起重机的尾部尺寸是由回转中心线至平衡臂尾部（包括平衡重）的

最大回转半径。下回转塔机的轨距或轮距是指轨道中心线或起重机行走轮踏面中心线之间的水平距离。

（2）起重机总质量 G_o，是指包括压重、平衡重、燃料、油液、润滑剂和水等在内的起重机各部分质量的总和。

（3）塔机安全距离，是指塔机运动部分与周围障碍物之间的最小允许距离。塔机安全距离包括：一是塔机的尾部与周围建筑物及其外围施工设施之间的安全距离不小于 0.6m。二是在有架空输电线的场合，塔机的任何部位与输电线的安全距离。三是两台塔机之间的最小架设距离应保证处于低位塔机的起重臂端部与另一台塔机的塔身之间至少有 2m 的距离；处于高位塔机的最低位置的部件（吊钩升至最高点或平衡重的最低部位）与低位塔机中处于最高位置部件之间的垂直距离不应小于 2m。

（4）部件重量与尺寸，是指塔式起重机各部件的重量。结构重量、外形轮廓尺寸是运输、安装、拆卸塔式起重机时的重要参数，各部件的重量、尺寸以塔式起重机使用说明书上标注的为准。

（5）外廓尺寸，是指塔式起重机的各部件的外廓尺寸，是塔机在运输、吊装、拆卸时的重要参数。行走式塔机外廓尺寸包括轨距和轴距，轨距是两条钢轨中心线之间的水平距离，轴距是前后轮轴的中心距。塔式起重机的轨距、轴距及尾部外廓尺寸，不仅关系到起重机的幅度能否充分利用，而且是起重机运输中能否安全通过的依据。

7. 起重量性能参数

塔式起重机的技术性能参数，一般采用技术性能表及起重性能曲线和起重技术工况图等方式表示。在安装和使用作业中应以使用说明书给出的技术性能参数为准。

塔式起重机起重性能技术工况，如图 2-25 所示。

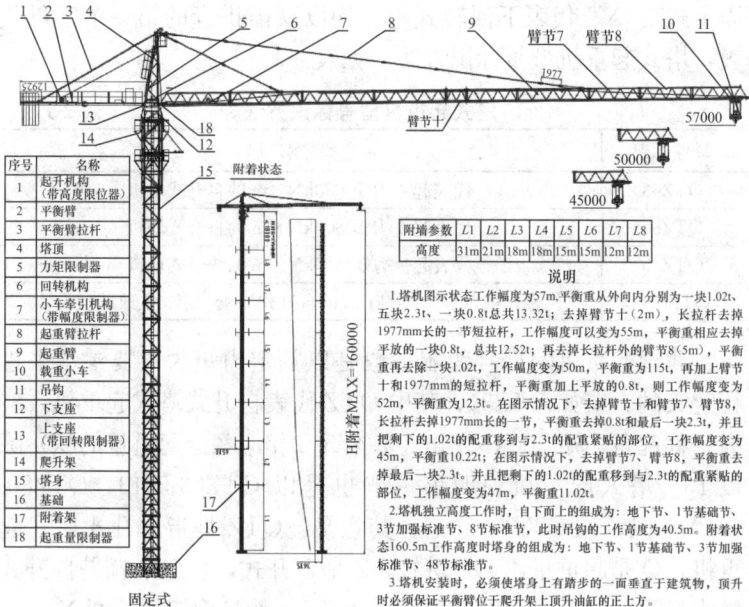

序号	名称
1	起升机构（带高度限位器）
2	平衡臂
3	平衡臂拉杆
4	塔顶
5	力矩限制器
6	回转机构
7	小车牵引机构（带幅度限制器）
8	起重臂拉杆
9	起重臂
10	载重小车
11	吊钩
12	下支座
13	上支座（带回转限制器）
14	爬升架
15	塔身
16	基础
17	附着架
18	起重量限制器

附墙参数	L1	L2	L3	L4	L5	L6	L7	L8
高度	31m	21m	18m	18m	15m	15m	12m	12m

说明

1.塔机图示状态工作幅度为57m，平衡重从外向内分别为一块1.02t、五块2.3t、一块0.8t总共13.32t；去掉臂节十（2m），长拉杆去掉1977mm长的一节短杆，工作幅度可以变为55m，平衡重相应去掉平放的一块0.8t，总共12.52t；再去掉长拉杆外的臂节8（5m），平衡再去除一块1.02t，工作幅度变为50m，平衡重为11.5t，再加上臂节十和1977mm的短拉杆，平衡重加上平放的0.8t，则工作幅度变为52m，平衡重12.3t。在图示情况下，去掉臂节十和臂节7、臂节8，长拉杆去掉1977mm长的一节，平衡重去掉0.8t和最后一块2.3t，并且把剩下的1.02t的配重移到与2.3t的配重紧贴的部位，工作幅度变为45m，平衡重10.22t；在图示情况下，去掉臂节7、臂节8，平衡重去掉最后一块2.3t，并且把剩下的1.02t的配重移到与2.3t的配重紧贴的部位，工作幅度变为47m，平衡重11.02t。

2.塔机独立高度工作时，自下而上的组成为：地下节、1节基础节、3节加强标准节、8节标准节，此时吊钩的工作高度为40.5m。附着状态160.5m工作高度时塔身的组成为：地下节、1节基础节、3节加强标准节、48节标准节。

3.塔机安装时，必须使塔身有踏步的一面垂直于建筑物，顶升时必须保证平衡臂位于爬升架上顶升油缸的正上方。

图 2-25 塔式起重机起重性能技术工况示意

8. 塔式起重机的标识

（1）塔机型号编制方式之一：根据《土方机械　产品型号编制方法》JB/T 9725 的规定，塔式起重机的型号识别，如图 2-26 所示。

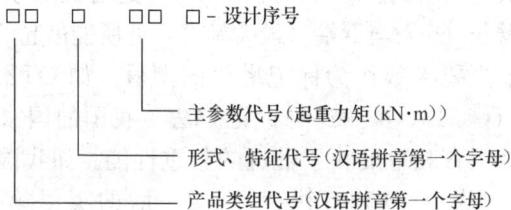

图 2-26 塔式起重机型号标识

塔式起重机型号为 QT，其中"Q"代表"起重机"，"T"代表"塔式"；"K"代表快装式，"Z"代表自升式，"G"代表固定式，"X"代表下回转式等。均以汉语拼音的第一个字母代表，塔式起重机型号标识方法，见表2-1。

塔式起重机型号标识方法　　表2-1

型号标识	型号解释
QTZ63	代表起重力矩 630kN·m 的自升式塔机
QTZ80	代表起重力矩 800kN·m 的自升式塔机
QTZ40	代表起重力矩 400kN·m 的快装式塔机
QTZ80B	代表起重力矩 800kN·m 的自升式塔机，第二次改装型设计

我国起重机的型号编制一般是以额定力矩为主要参数来进行定义的，譬如 QTZ80，其中 QTZ 代表自升式塔式起重机，80 为公称起重力矩 800kN·m（基本臂和相应额定起重量的积）除以 10。塔式起重机说明书一般也是以 QTZ63-5613、QTZ80-6010 标识，如 QTZ63-5613，其意义：QTZ 是指自升式塔式起重机，Q 是起重量，T 是塔式，Z 是自升式，合起来就是自升式塔式起重机。63 是力矩，单位是 t·m，就是力矩为 630kN·m，5613 前两位数字是起重臂的长度，后两位数字是最大长度的最大起重量，就是臂长 56m，在 56m 处最大起重量为 1.3t。

（2）塔机型号编制方式之二：第二种编制方式源于两个方面的因素，其一，以上型号编制方法只表明起重力矩，并不能清楚表示一台塔机到底工作最大幅度是多大，在最大幅度处能吊多重。而这个数据更能明确表达一台塔机的工作能力。其二，受进口塔式起重机的影响，国际市场上有的塔机型号标识方法，是把最大臂长（m）与臂端（最大幅度）处所能吊起的额定重量（kN）两个主要参数作为标记塔机的型号。如 QTZ80 标识为 TC6010、TC5513。虽然这种标记方法与我国的国家标准不相符，但是却很直观地反映了塔机的起重性能。如我国现在一些制造商标记为 TC5013，其意义：T—塔的英语第一个字母（Tower），C—起重机的英语第一个字母（Crane），50—最大臂长 50m，13—臂端起重量 13kN（1.3t），A—设计序号。TC5013 的标识，如图 2-27 所示。

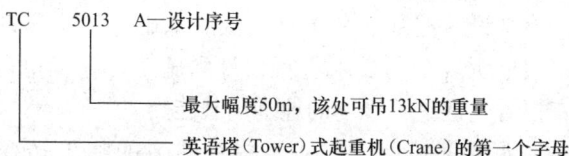

TC   5013   A—设计序号

最大幅度50m,该处可吊13kN的重量

英语塔(Tower)式起重机(Crane)的第一个字母

图 2-27 标记为 TC5013 的塔机标识

（四）塔式起重机稳定性

塔式起重机的稳定性，是指塔机在自重和外载荷的作用下抵抗倾覆的能力，塔机存在着整机稳定性和安装过程的稳定性问题。影响塔机前对象的因素主要是自重荷载、起升荷载、风荷载和惯性荷载。塔机整机倾覆力矩示意，如图 2-28 所示。

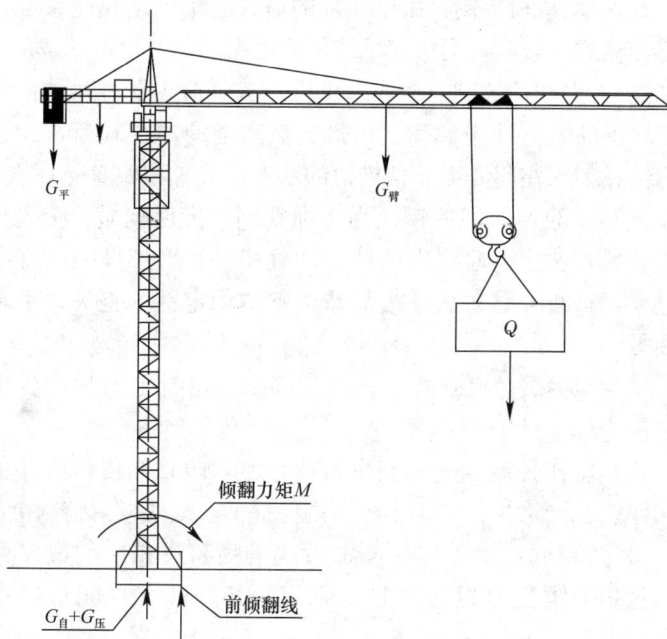

图 2-28 塔机整机倾覆力矩示意

（1）地基设计控制：塔式起重机的基础应按国家现行标准和使用说明书所规定的要求进行设计和施工，施工单位应根据地质勘查报告确认施工现场的地基承载能力。

（2）临界温度控制：普通结构钢断裂的临界转变温度为－20℃。如果在低于这个温度的环境下工作，并且受应力集中、材质不均匀的影响，可导致突然断裂。在选择塔机时应当向制造商声明并提出相应设计要求。

（3）动载荷控制：动载荷是由运动速度改变引起的，塔式起重机动载荷主要有惯性载荷、振动载荷及冲击载荷。

1）惯性载荷控制：惯性载荷主要包括两种，即启动与制动过程中的惯性载荷，以及货物及塔机各转动部分在旋转时的惯性载荷。

2）振动载荷控制：由于实际的塔式起重机是弹性系统，在骤然加载或减载时，会引起系统的弹性振动，产生振动载荷。

3）冲击载荷控制：塔式起重机冲击载荷主要有两种：塔机行走轨道缺陷的冲击载荷。吊重突然离地的冲击载荷，在起升机构中，如果在起升绳非常松弛的状态下突然以高速起吊离地，或起升卷扬的卷筒中的钢丝绳排绳缺陷，出现爬绳、啃绳、咬绳等现象，就会引起很大的冲击动载荷。如果塔身的垂直度超差过大，重心外移过大，极易造成整体稳定性的丧失，引起塔机倾翻。

（4）风荷载控制：严禁在塔式起重机塔身上附加广告牌或其他标语牌。

（5）操作控制：为提高塔机稳定性，防止倾覆，应杜绝违章操作，在严格执行"十不吊"的前提下，采取以下控制措施：

1）禁超载：当工作幅度加大或重物超过相应的额定荷载时，重物的倾覆力矩超过它的稳定力矩，就有可能造成塔机倾覆。

2）禁斜吊：斜吊重物时会加大它的倾覆力矩，在起吊点处会产生水平分力和垂直分力，在塔机底部支承点会产生一个附加的倾覆力矩，从而减少了稳定系数，造成塔机倒塌。

3）禁超偏：塔机基础不平，地耐力不够，垂直度误差过大，也会造成塔机的倾覆力矩增大，使塔机稳定性减少。

4）禁晃扭：塔机在操作中往往采取起升、变幅、回转多个动作同时进行，这样容易加大塔机标准节的晃动性扭力。

（6）安装、拆卸控制：在塔机安装、拆卸中，一般由辅助起重机械来完成安装、拆卸工作在安装、拆卸平衡臂、起重臂、塔帽、平衡重过程中一定要严格执行安装、拆卸专项方案和说明书规定，避免塔机在安装、拆卸中重力失衡造成事故发生。

（7）顶升加节控制：在利用液压顶升装置对塔机进行顶升加节时，塔机的上部构造相对油缸支撑点应处于平衡状态，即塔机的上部的重量及对支点的力矩是定值，只能够通过调整该塔机的变幅小车位置及其吊重所产生的前倾力矩来平衡。在顶升过程中，严禁塔机进行回转动作。因为塔机的回转中心与顶升油缸支撑点并非一点，一旦回转上部结构重量就会对油缸支撑点产生侧向力的倾覆力矩，严重时就会发生塔机上部倾覆事故。套架与塔身标准节之间设置有两组滚轮。在顶升作业时，应调整滚轮与塔身标准节之间的间隙，使套架的两组滚轮与塔身标准节之间间隙基本一致，防止失衡而造成套架整体倾覆。

三、塔式起重机组成及原理

塔式起重机由金属结构、工作机构、电气系统、安全装置四个部分组成。金属结构件起着承载和传递力的作用，工作机构起着垂直和水平以及回转运行，实现物体垂直和水平运输的作用，电气系统起着控制塔机运行的作用。安全装置将在第四章中介绍，本章不再赘述。塔式起重机的组成，如图 3-1 所示。

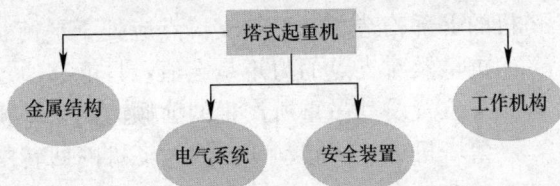

图 3-1 塔机组成示意

（一）金属结构

金属结构是塔式起重机的骨架，它起着承受起重机的自重、承载着物料起升回转时的载荷，同时承载着外来风力载荷的作用。金属结构主要由塔身、顶升套架、上、下支座、起重臂、平衡臂、塔帽、附墙架等构件组成。塔机金属结构的组成，如图 3-2 所示。

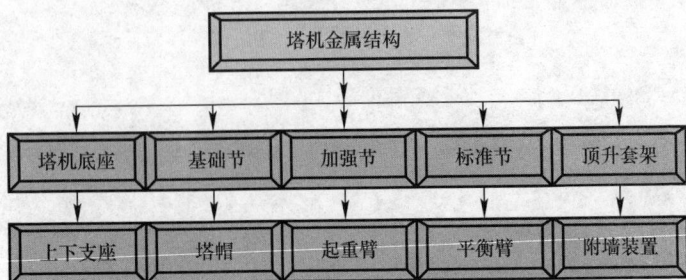

图 3-2 塔机金属结构组成

1. 塔身

塔身是塔机金属结构的主体，支承塔机上部重量和载荷重量，通过底架和行走台车或直接传递到塔机的基础上，其本身还要承受弯矩、扭矩和垂直压力。塔身包括底架、基础节、标准节，在塔身结构体上附着有起重臂、平衡臂、附墙架、顶升套架、塔帽等部件。

（1）底架（亦称底座），塔式起重机底架是塔身的支座。底架是塔式起重机中承受全部载荷的最底部结构件，塔机的全部自重和荷载都要通过它传递到底架下的混凝土基础或行走台车上。塔机底架有固定式、组合式、行走式三种结构形式。

1）固定式底架，底架通过地脚螺栓与基础节连接，或直接预埋入混凝土基础中。底架包括预埋螺栓式、水母式、十字梁式、钢格构柱式、预埋底座式等。

固定式塔机安装在专用的混凝土基础上，预埋的地脚螺栓上端与底架联结，底端与混凝土基础固接。预埋螺栓式如图 3-3 所示、水母式如图 3-4 所示、十字梁式如图 3-5 所示、钢格构柱式如图 3-6 所示、预埋底座式如图 3-7 所示。

图 3-3 固定底座预埋螺栓式

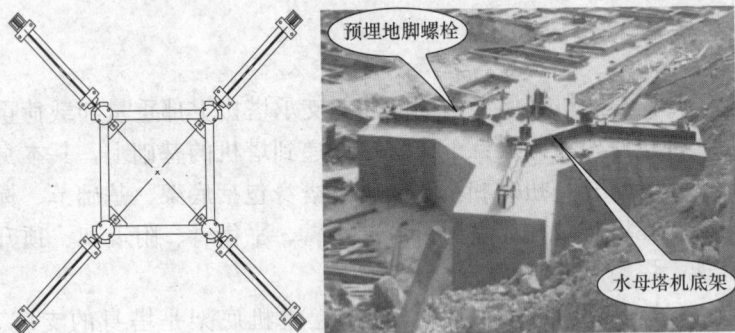

预埋地脚螺栓

水母塔机底架

图 3-4　水母式塔机底架

图 3-5　十字梁式塔机底架

图 3-6　钢格构柱式塔机基础

图 3-7 预埋式塔机底架

2）轨道行走式底架，用于轨道式塔式起重机，塔机可沿轨道带载行走。它把起重机的自重和载荷力矩通过行走轮传递给轨道。行走式塔机基础包括轨道和基础两部分：轨道采用钢轨敷设；轨道下面是基础，基础包括枕木、道渣、路基，钢轨下面采用枕木。下回转塔机底架如图 3-8（a）所示；上回转塔机底架如图 3-8（b）所示。上回转塔机底架包括：1—被动台车；2—斜撑；3—基础节；4—拉杆；5—主动台车。

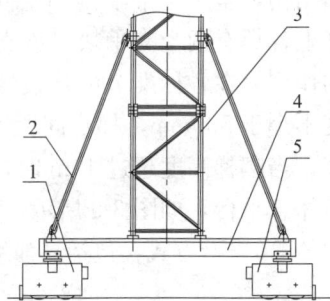

（a） （b）

图 3-8 塔机底架回转形式

（a）下回转塔机底架；（b）上回转塔机底架

（2）标准节：

1）概述：塔机标准节是指垂直加节的塔身装置，是塔机的结构主体。标准节包括有基础节、加强节、过渡节、预埋节，除标准节之外均安装在塔机最下端，标准节与其承接形成高耸的塔身。塔机基础节下部承接底座或直接与预埋螺栓连接，上部与标准节或加强节连接，基础节一般标识为黑色以区别于标准节或加强节，其材质和强度优于标准节。高位塔机在基础节和标准节之间还增设加强节，加强节是一种过渡节，安装在基础节之上标准节之下，其材质和强度基本等同于基础节，加强节的颜色一般为黑色。预埋节是新近出现的装置，预埋件必须是由原制造商特制的定制产品，预埋节的材质、强度、截面、防腐、抗压等性能优于基础节，制造商应提供质量检测报告，由施工单位报监理单位审查合格后方可预埋，预埋节只能够一次性使用。

2) 结构形式：标准节结构形式分为桁架结构、薄壁圆筒结构和 65Mn 等边角钢三种结构形式，塔机标准节根据不同形号，其机格不同，通常尺寸有：1.5m×1.5m×2.2m；1.5m×1.5m×2.5m；1.6m×1.6m×2.5m，1.6m×1.6m×2.8m，1.8m×1.8m×2.8m，1.8m×1.8m×2.5m，1.5m×1.5m×3m 等。塔机标准节的截面为正方形，沿塔身高度方向制成等截面或变截面结构，整个标准节是一空间桁架结构。其中，一侧两根主弦杆上各焊有两个支承块，该支承块在塔身加节或降节时起踏步的作用。在各标准节内均设置爬梯以便作业人员上下，爬梯宽度不小于 500mm，梯步间距不大于 300mm，每 500mm 设一护圈，当爬梯高度超过 10m 时，梯子分段转接，在转接处加设一道休息平台，如图 3-9 所示。

3) 连接方式：包括高强螺栓连接和鱼尾板插销式连接两种方式。

① 高强螺栓连接：塔机从底架、塔身直到塔顶，其竖轴上的构件都承受轴压力、弯矩和扭矩，其中弯矩最大。所以，这些构件都采用高强度螺栓连接以满足极大的工作应力。塔机标准节的套管连接通常包括无间隙连接、有间隙带凸台连接、有间隙无凸台连接三种形式。

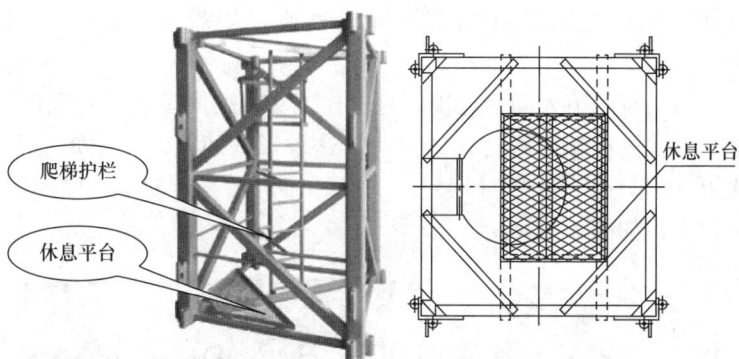

图 3-9　塔机休息平台及爬梯护栏

　　无间隙连接，是将套管与主弦杆焊接后，端面经过精加工，上、下主弦杆与套管端面依靠螺栓外径与套管内径定位对接，其端面之间无间隙地连接。具有连接接触面积大，间隙小，单位面积压力小，抗水平扭矩能力强，接点稳定性强等特点。如图 3-10 所示。

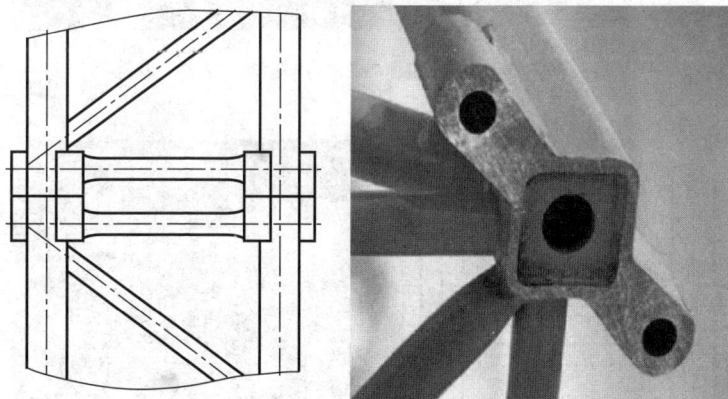

图 3-10　无间隙连接结构图

　　有间隙带凸台连接，是在标准节上部主弦杆上焊有定位凸台，定位凸台伸入另一标准节主弦杆内，上、下套管之间留有一定间隙配合定位。定位准确，能有效阻止标准节水平方向的

位移，接点稳定性好，该种形式目前采用较多，如图 3-11
所示。

　　端面有间隙无凸台连接，是上、下套管之间留有一定间隙，
上、下主弦杆端面同时接触对接。这种形式的抗水平扭矩能力
比第一种、第二种相对较差，优点是加工相对容易，所以应用
也较多，如图 3-12 所示。

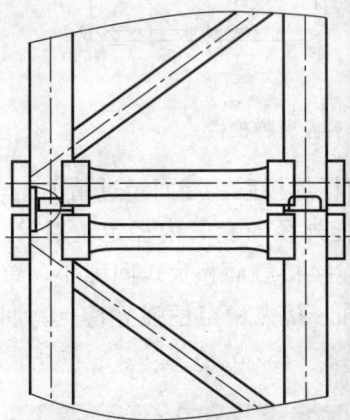

图 3-11　有间隙带凸台连接结构图

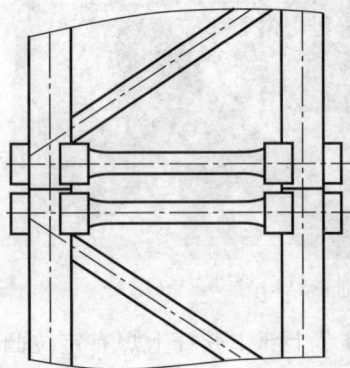

图 3-12　端面有间隙无凸台连接结构图

高强螺栓，塔机标准节采用高强螺栓连接固定，高强螺栓选用和紧固扭矩应符合塔机使用说明书规定，高强螺栓等级通常为8.8、9.8、10.9级，高强螺栓具有标识性，高强螺栓头部的顶面或侧面，螺母的侧面打上性能等级及制造厂标志。标准节螺栓连接时，应轻松穿入，避免锤击，螺栓按规定紧固后主肢端面接触面积不小于应接触面的70%，高强螺栓一般分为预紧和终紧二次拧紧，且应对角拧紧，不得顺圈拧紧，拧紧后的高强螺栓应当保留2~3丝的外露丝扣，塔机安装运行一周后，按规定的扭矩数值对标准节连接的高强螺栓进行复紧。高强螺栓连接，如图3-13所示。

图3-13　高强螺栓连接标准节示意

② 鱼尾板插销式连接：塔式起重机的片式标准节由四榀独立的型钢架组成，四榀型钢架通过铰制孔螺栓连接在一起组成一个标准节。每一个型钢架由主肢、鱼尾板、斜腹杆、连接板和节点板组成，主肢上每侧固定连接有至少两根斜腹杆，两根斜腹杆不与主肢连接的一端通过连接板固定对接，该连接板与另外一个型钢架上对接相应位置两根斜腹杆的连接板连接。鱼尾板插销式连接，如图3-14所示。

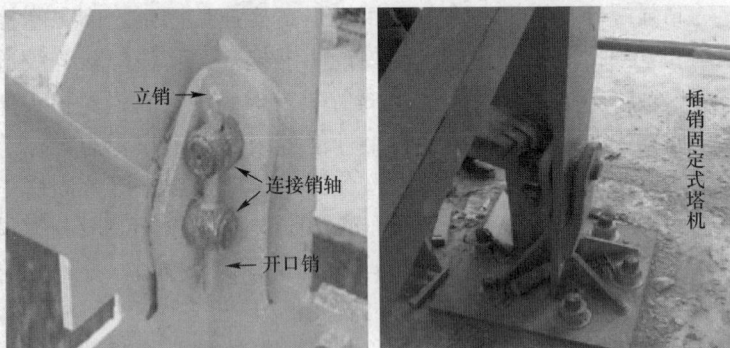

图 3-14　鱼尾板插销式连接

4）标准节斜撑（亦称底架斜撑）：斜撑是指在底部标准节与底架之间架设的支撑件，使塔身底部和底架的连接部位更为牢靠，同时提高塔身危险断面抗载荷强度的作用。斜撑安装是在塔机标准节升至一定高度后进行架设，斜撑拆卸应随着底部标准节一同进行。塔机标准节斜撑，如图 3-15 所示。

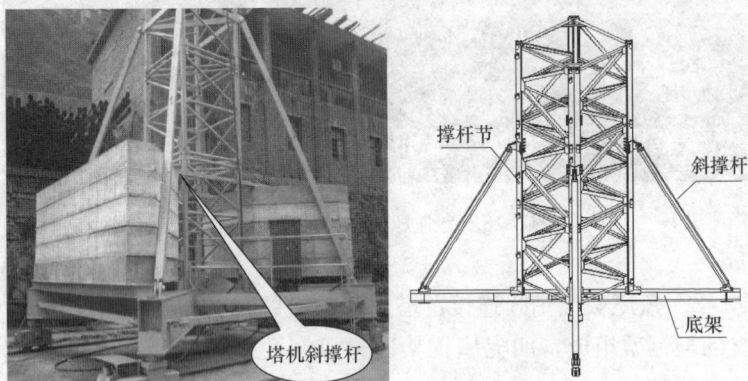

图 3-15　底架与斜撑杆

2. 顶升套架

（1）概述：顶升套架在塔机顶升标准节中是关键的受力结构，也是塔机顶升加节和拆卸塔机降低标准节的专用机构。顶升套架主要由套架结构、上下工作平台、顶升横梁、活动爬爪、顶升油缸等组成。自升式塔机的顶升套架分外套架和内套架两种。

内顶升套架，适用于在上部接高的片式标准节结构。内顶升套架，如图 3-16 所示。

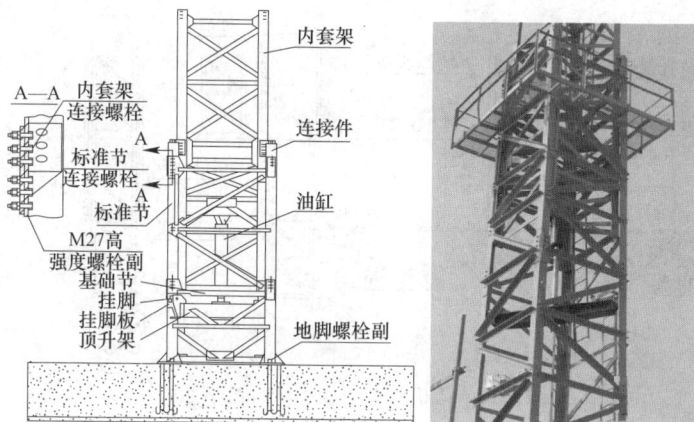

图 3-16　内顶升套架机构示意

外顶升套架，适用于外形尺寸上下一致的塔机。有的套架标准节采用片式的，运输到工地后，先装成整体标准节后再顶升加节，也采用外套架。外顶升套架，如图 3-17 所示。

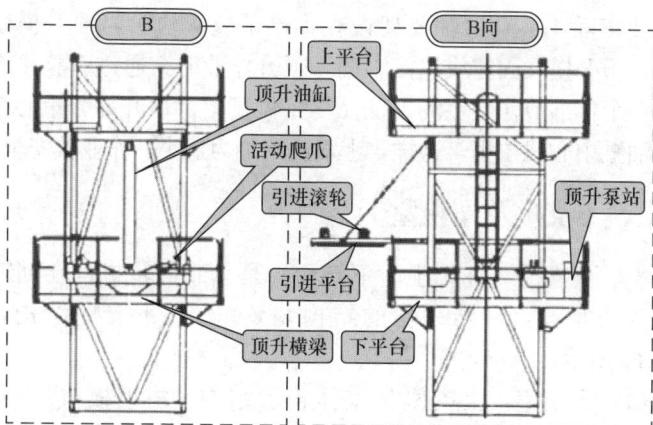

图 3-17　外顶升套架机构示意

（2）工作原理：外套架式顶升系统主要由顶升套架、顶升作业平台和液压顶升装置组成，用来完成加高的顶升加节工作。塔机外套架及引入标准节，如图 3-18 所示。

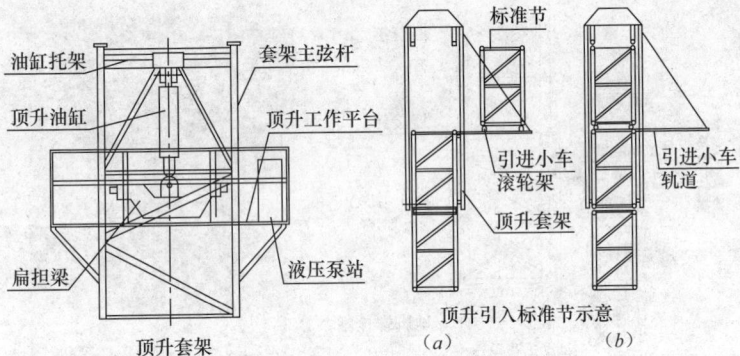

图 3-18　塔机外套架及引入标准节示意
(a) 顶升、标准节引入；(b) 固定

外套架式是指套架本体套在塔身的外部。套架本体是一个空间桁架结构，其内侧布置有 16 个滚轮或滑板，顶升时滚轮或滑板沿塔身的主弦杆外侧移动，起导向支承作用。

顶升作业前，首先要检查外套架顶升防脱安全装置，防脱轴销要牢固，顶升销轴要架设在标准节支撑块上，顶升横梁无损伤，顶升横梁固定块焊接牢固。顶升作业时，通过调整小车或吊起一个标准节作配重的方法，尽量做到上部顶升部分重心落在靠近油缸中心线位里，这样，上面的附加力矩小，作业就安全。

3. 上、下支座及司机室

上、下支座（亦称上、下转台）是承载回转机构在回转时塔身受力均衡，回转平稳的结构装置。上、下支座结构，如图 3-19 所示。

（1）上支座：上支座是整体箱形结构，由钢板拼焊而成。上部有 4 块耳板，通过销轴与塔顶相连，下部用高强度螺栓与回转支承相联结，在上支座一侧垂直地安装有一套回转机构，在它下面的小齿轮准确地与回转支承外齿啮合。支座上设有回转限位器、检修平台，司机室位于上支座一侧，便于司机出入。

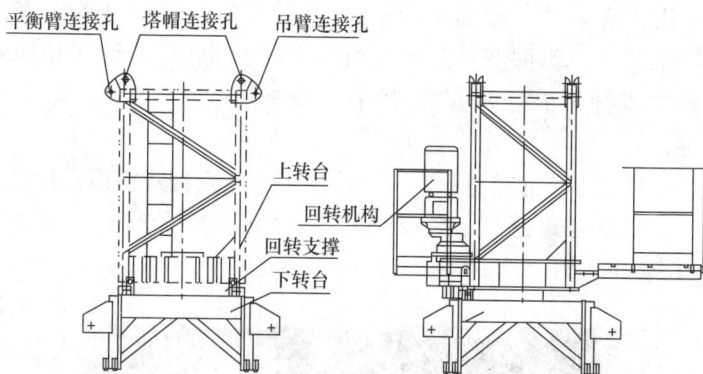

图 3-19　上、下支座结构图

（2）下支座：下支座上部采用高强度螺栓与回转支承连接，下支座支承上部结构。底部采用不低于 8.8 级的高强度螺栓与标准节相固结，四角用销轴与套架相联结，下部装有一根引进标准节用的横梁。

（3）司机室：是驾驶人的操作空间，它是独立侧置的封闭式结构体，支座及驾驶室布置，如图 3-20 所示。

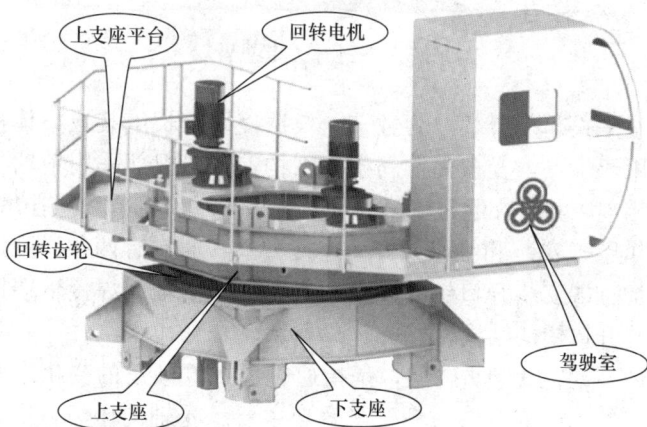

图 3-20　支座及驾驶室布置图

4. 起重臂

塔机起重臂（亦称吊臂或臂架），按结构形式分为小车变幅水平臂架、俯仰变幅臂架（简称动臂）、折臂式臂架和伸缩式臂架四种形式，常见的有小车变幅水平臂架、俯仰变幅臂架。

（1）水平式起重臂架，主要应用于小车变幅式塔机，其臂架一般采用格构式正三角形截面形式。水平式起重臂，如图 3-21 所示。

图 3-21　水平式起重臂

水平式起重臂架分为数节，根据使用臂长组装成整体，吊臂采用双吊点，变截面空间桁架结构，臂架根部采用销轴与上支座相连，并且在起重臂第一节安置小车牵引机构和悬挂吊篮，吊篮作用于安装和维修。臂架连接方式：通常有两种，一种是销轴加轴端安装开口销的连接，另一种是销轴加焊接轴端挡板加安装开口销的结构，如图 3-22 所示。

（2）动臂式起重臂架，是指通过起重臂倾角的变化来改变吊钩工作幅度的装置。动臂式臂架主要承受轴向压力，依靠改变臂架的倾角来实现塔式起重机工作幅度的改变。

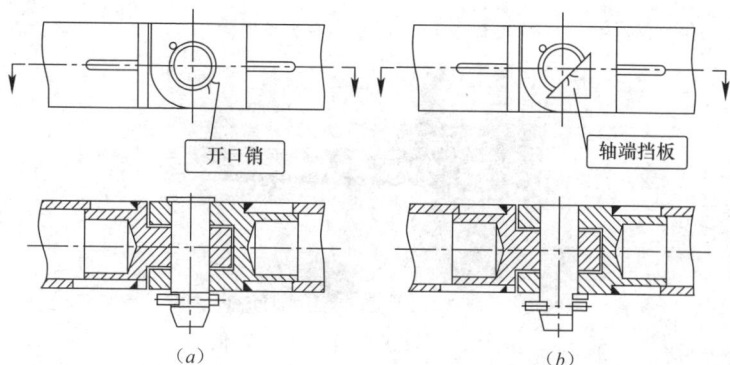

图 3-22　水平式起重臂接头的两种形式示意
(a) 销轴＋开口销；(b) 销轴＋轴端挡板＋开口销

（3）起重臂拉杆，起重臂拉杆的结构形式主要有扰性拉杆和刚性拉杆两种。目前使用的多数为多节拼装的刚性拉杆。

（4）折臂式起重臂架，结构较复杂，建筑施工领域应用较少，在此不再赘述。

5. 平衡臂

塔式起重机平衡臂其作用主要是为起重臂提供反向力矩从而保证机体在起重过程的平衡性，是重要的塔机配件之一。平衡臂分为平面框架式平衡臂、倒三角形断面桁架式平衡臂、正三角形断面桁架式平衡臂、矩形断面桁架结构平衡臂四种形式。平衡臂的一端用两根特制的销轴与回转塔身相连，另一端以组合刚性拉杆同塔帽相连，将平衡臂挂至水平位置。

平衡重的功能是支承平衡重，用以构成设计上所要求的作用方面与起重力矩方向相反的平衡力矩。平衡重的用量与平衡臂的长度成反比关系。起升机构之所以同平衡重一起安放在平衡臂尾端，一则可发挥部分配重作用；二则增大绳卷筒与塔尖导轮间的距离，以利钢丝绳的排绕并避免发生乱绳现象。塔机平衡臂及平衡重，如图 3-23 所示。

图 3-23　塔机平衡臂及平衡重

6. 塔帽

　　塔机的塔帽（亦称塔尖），是起重臂与平衡臂的中间装置，承受臂架拉绳及平衡臂拉绳传来的上部荷载，并通过回转塔架、转台、支承座等结构部件传递给塔身结构。塔帽分为直立截锥柱式、前倾截锥柱式、后倾截锥柱式、人字架式、斜撑架式五种结构形式。

　　塔帽上端通过拉杆使起重臂与平衡臂保持水平，下端用螺栓与回转塔身连接，为了安装吊臂拉杆和平衡臂拉杆，在塔顶上部设有工作平台和滑轮组。塔机塔帽总成，如图 3-24 所示。

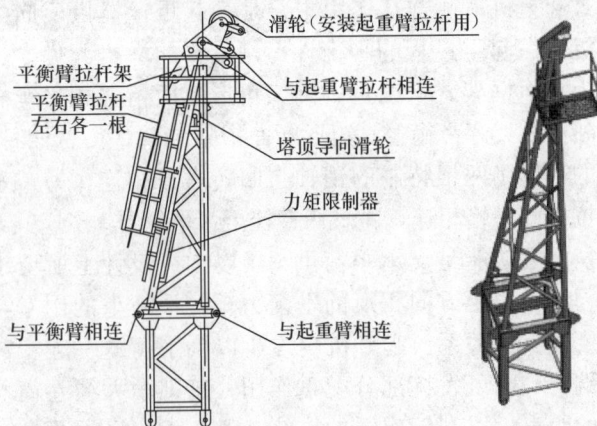

图 3-24　塔机塔帽总成结构示意

7. 附着装置

（1）概述：附着装置（亦称附墙架），由附着框架、附着撑杆、预埋件、连接件组成。附墙架的布置方式、相互间距和附着距离等，应按出厂使用说明书规定执行。塔机附着的建筑物其锚固点的受力强度满足塔机的设计要求。附墙装置由锚固环、附着杆组成。锚固环由型钢、钢板拼焊成方形截面，用联结板与塔身腹杆相连，并与塔身主弦杆卡固。附墙装置的附着形式有：四联杆两点固定、四联杆三点固定、三联杆两点固定三种，如图 3-25 所示。

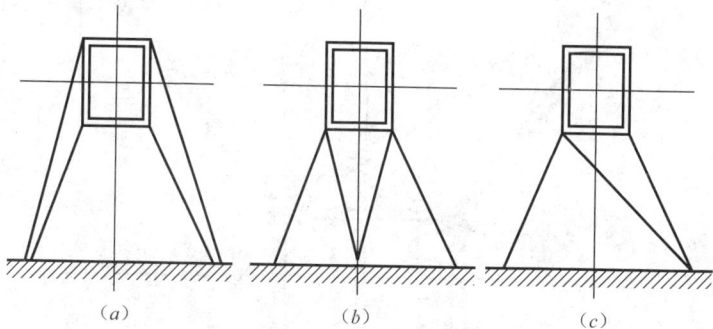

图 3-25　塔机附着装置形式示意
（a）四联杆两点固定；（b）四联杆三点固定；（c）三联杆二点固定

（2）作用：①增加塔机的使用高度，保持塔机的稳定性；②附着装置安装后，使附着装置之间的垂直度保持稳定状态；③附着装置安装后，通过附着杆将塔机附着力传递到建筑物上；④塔机设置附墙架后，将提高抗击运动载荷和风荷载的作用；⑤塔机设置多道附墙架时，其最高一道附墙架以上的悬臂塔身根部将承担最大比例载荷。

（3）要求：①附墙架框架和附墙架撑杆属于塔机主结构部件（统称附着装置），必须是同一制造商提供的等同规格的具有合格要求的产品；②附墙架安装角度应控制在 40°～65°之间；

③附墙架安装的水平倾角不得超过 8°；④附墙架框架连接螺栓
应达到规定扭矩；⑤附墙架墙体固定端应当采取预埋节，不宜
使用后植式；⑥附墙架附着点与塔机塔身中心间距应控制在 6～
8m 范围，附墙距离若超长应由制造商特制附墙杆；⑦附墙架支
撑杆的调节螺栓背紧螺母应全部紧固。附墙架安装支撑夹角和
中心间距，如图 3-26 所示。附墙架安装水平倾角，如图 3-27
所示。

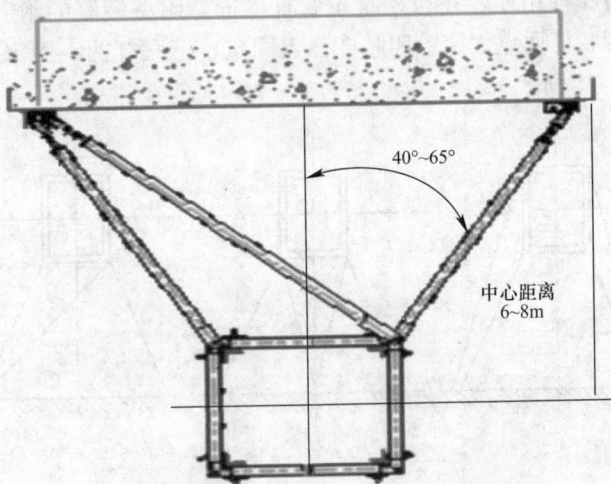

图 3-26 附墙架安装支撑夹角和中心间距示意

图 3-27 附墙架安装水平倾角示意

54

（二）工作机构

塔式起重机的工作机构包括起升机构、变幅机构、小车牵引机构、回转机构四大机构，轨道行走式塔机不包括小车牵引机构，但包括大车行走机构。塔机工作机构，如图3-28所示。

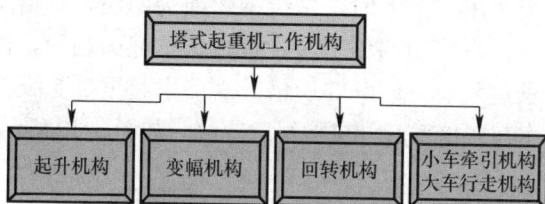

图 3-28　塔机工作机构示意

1. 起升机构

（1）概述：起升机构是塔式起重机用来实现物料的垂直升降的机构，又称卷扬机构。起升机构由电动机、变速箱、制动器、卷筒、钢丝绳、导向滑轮、动滑轮、制动器等组成。原理为：电动机通过联轴器和减速机转动至输出轴上的卷筒，通过钢丝绳和起重滑轮组的动滑轮带动吊钩。如图3-29所示。起升

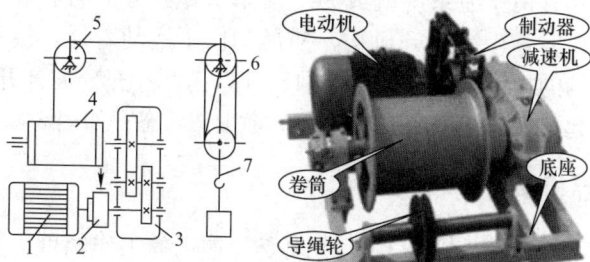

图 3-29　塔式起重机起升机构示意

1—电动机；2—联轴器；3—减速机；4—卷筒；

5—导向滑轮；6—滑轮组；7—吊钩

机构的制动器应是常闭式，且多采用块式制动器，其上装有电磁铁或电动推杆作为自动松闸装置，即电动机通电时松闸，电动机断电时合闸，以保证起升机构工作正常。

（2）滑轮倍率变换装置：塔机的倍率是指滑轮组的倍数，也是滑轮组省力的倍数和减速的倍数，通过倍率的转换来改变起升速度和起重量。塔机滑轮组倍率一般采用二倍率、四倍率、六倍率。当使用二倍率时，是指钢丝绳为两股，二倍率速度快但起重量小。当使用四倍率时，是指钢丝绳为四股，四倍率速度慢但起重量大于二倍率的一倍。六倍率起重量更大但速度更慢。二倍率与四倍率起升机构绳索穿绕，如图 3-30 所示。

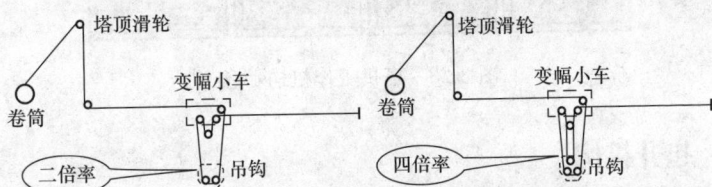

图 3-30　二倍率与四倍率起升机构绳索穿绕示意

（3）变换倍率方法：当需要使用二倍率工作时，操纵起升机构，使吊钩向下运动着地，拨开挂体销轴，然后开动起升机构，收紧钢丝绳，使挂体上升至与载重小车接触。变换倍率时，要注意起升机构的钢丝绳排绳应当整齐，不得出现乱绳现象，此时，起升钢丝绳系统就成为二倍率工作状态。当需要使用四倍率工作时，操纵起升机构，使吊钩向下运动着地，使挂体落回到吊钩的挂体槽内，插上销轴和开口销，并充分展开开口销，此时，起升钢丝绳系统就成为四倍率工作状态。如图 3-31 所示。

2. 变幅机构

（1）概述：变幅机构是指改变起重机的工作幅度，扩大和调整起重机工作范围的工作机构。塔机变幅机构的形式有小车变幅式和动臂变幅式两种。变幅机构是由卷扬机来驱动，因此变幅机构也是一种卷扬机构。

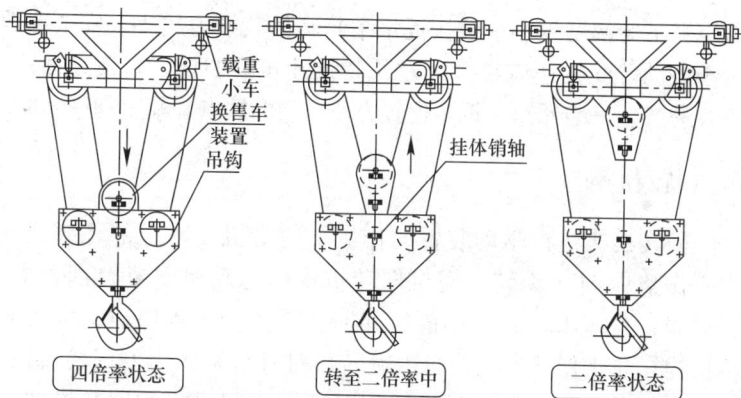

四倍率状态　　　　　转至二倍率中　　　　　二倍率状态

图 3-31　四倍率转换为二倍率示意

（2）小车变幅：是利用小车沿起重臂上的轨道水平移动来实现变幅的，其优点是安装就位准确、变幅速度快、幅度利用率大，该变幅方式目前应用较广。小车变幅卷扬机构设置在塔机起重臂根部位置，牵引钢丝绳的一端缠绕固定在卷筒上，另一端固定在小车上，变幅时靠钢丝绳的一收一放来保证小车正常工作。小车变幅及牵引钢丝绳穿绕，如图 3-32 所示。

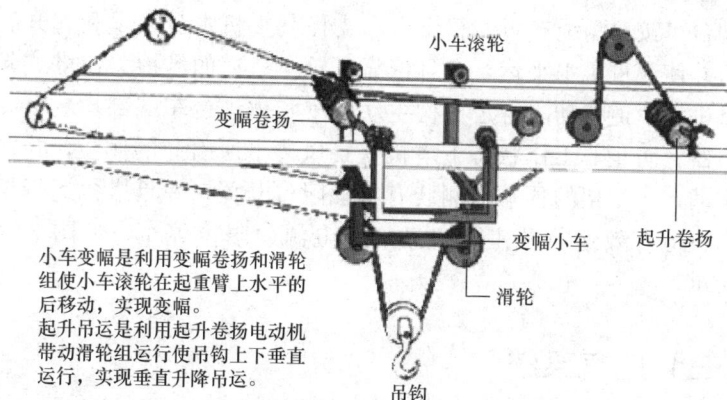

小车变幅是利用变幅卷扬和滑轮组使小车滚轮在起重臂上水平的后移动，实现变幅。
起吊吊运是利用起升卷扬电动机带动滑轮组运行使吊钩上下垂直运行，实现垂直升降吊运。

图 3-32　小车变幅及牵引钢丝绳穿绕示意

（3）动臂变幅：是指塔机利用起重臂俯仰运动而改变臂端吊钩的幅度，起重臂上仰幅度越大（越接近垂直）其吊载能力越大，起重臂下俯幅度越小（越接近水平）其吊载能力越小，安全系数也小。动臂变幅适应在高大建筑物或建筑群中施工，覆盖面广，不容易产生吊装死角，拆装比较方便。它的缺点是幅度利用率低。

3. 回转机构

回转机构是在驱动装置的作用下使塔机支座上部环绕回转中心作整周 360°旋转。塔机回转机构由电动机、液力耦合器、制动器、变速箱、回转小齿轮和回转限位开关等组成。塔机回转机构在非工作状态下应自由旋转。对有自锁作用的回转机构，应安装安全极限力矩联轴器。据此，塔式起重机的回转机构一般均采用常开式制动器，即在非工作状态下，制动器松闸，使起重臂可以随风向自由转动。臂端始终指向顺风的方向，以降低风载力矩。

4. 行走机构

行走机构是驱动塔式起重机沿轨道行驶，以扩大起重机的作业范围。塔机行走机构有两个主动台车和两个被动台车。主动台车按对角线布置。行走台车支撑起重机本身重量和起升载荷并使起重机水平运行，且依靠车轮与轨道的摩擦力使塔式起重机沿轨道移动。行走机构主动台车和被动台车端部均装有夹轨器，防止非工作状态下塔机受暴风袭击所引起的倾翻，并在主动台车车架的顶端内侧装有行程限位开关，一旦塔机运行超出轨道有效运行范围会自动切断电源而限位停车。如图 3-34 所示。

（三）电气系统

电气系统是塔式起重机一切指令传递并得以实现工作目的的系统机构。塔机电气系统由电源及配电系统、电气设备与元件、操作与控制系统、电气系统保护装置等组成，如图 3-35 所示。

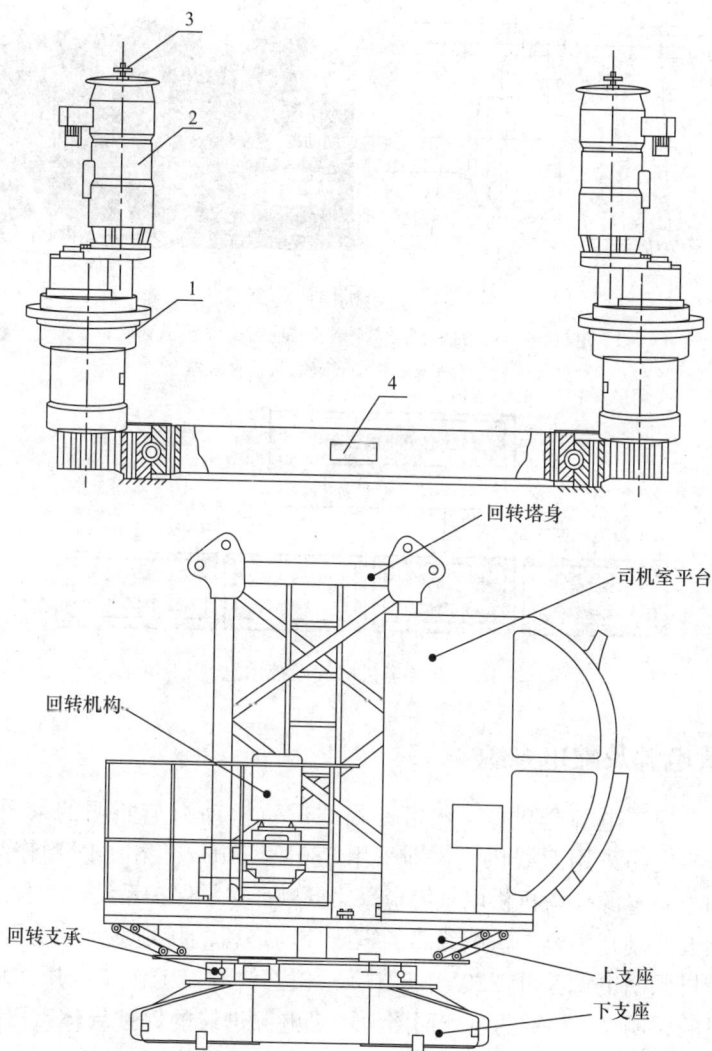

图 3-33 回转机构及回转支承装置

1—行星齿轮减速器；2—力矩电动机；3—松闸手柄；4—回转限位装置

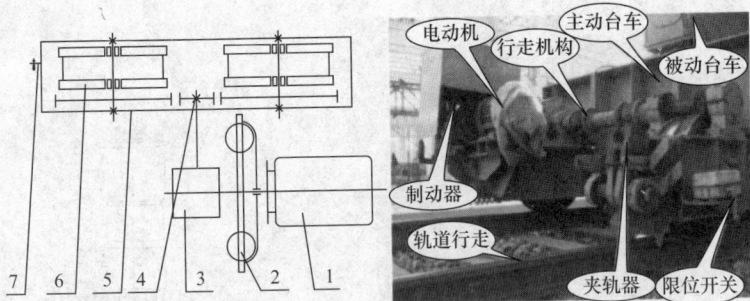

图 3-34　行走机构传动简图

1—电机；2—液力耦合器；3—蜗轮减速箱；4—开式齿轮；

5—行走台车架；6—行走轮；7—夹轨器

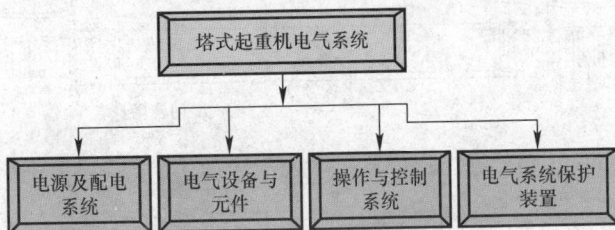

图 3-35　塔机电气系统示意

1. 电源及配电系统

（1）电源与供电：电源是塔式起重机动力与照明的来源，塔机电源采用双线供电，即采用380V、50Hz三相五线制作为动力主电源。塔机供电系统应采用TN-S接零保护系统（俗称三相五线制）供电。供电线路的零线应与塔机的接地线严格分开。塔机照明电源采用220V、50Hz三相五线制，工作零线用作塔机的照明及220V的电气回路，塔机电源进线的保护导体（PE）应作重复接地，塔身应作防雷接地。电缆沿塔身垂直悬挂时，应采取护套绝缘保护电缆并将其与标准节固定牢固。塔式起重机在强电磁场源附近工作时，操作人员应戴绝缘手套和穿绝缘鞋，并应在吊钩与吊物间采取绝缘隔离措施，或在吊钩吊装地面物体时，应在吊钩上挂接临时接地线。

（2）安全距离：塔式起重机严禁越过无防护设施的外电架空线路作业。在外电架空线路附近吊装时，塔机的任何部位或被吊物边缘在最大偏斜时与架空线路边线的最小安全距离应符合《塔式起重机安全规程》GB 5144 的规定。塔式起重机与架空线路边线的最小安全距离，如表 3-1 所示。

塔式起重机与架空线路边线的最小安全距离　　表 3-1

安全距离（m）	电压（kV）				
	<1	1～15	20～40	60～110	220
沿垂直方向	1.5	3.0	4.0	5.0	6.0
沿水平方向	1.5	1.5	2.0	4.0	6.0

（3）配电系统：塔机配电系统是指从供电电源通向电路、电气控制柜的配电装置。配电系统由电源、电路、电气控制柜（配电箱）等组成。动力配电系统由主电缆、分配电箱、开关配电箱组成，塔机总电源回路应设置总断路器，总断路器应具有电磁脱扣功能，其额定电流应大于塔机额定工作电流，电磁脱扣电流整定值应大于塔机最大工作电流并符合整定要求。总断路器的断弧能力应能断开在塔机上发生的短路电流。照明配电系统采用 220V 电缆从分配电箱中引入开关箱。塔机高度超过30m 时，其照明电源一直保持通电状态，以保持红色障碍指示灯供电不应受停机的影响。配电系统动力电源与照明电源分别独立设置。轨道式塔式起重机应采用电缆卷筒或类似装置供电。电控柜应有门锁，门内应有电气原理图或布线图、操作指示等，门外应设有电危险的警示标志。轨道式塔式起重机应在轨道两端头应各设置一组接地装置；轨道的接头处作电气搭接，两头轨道端部应作环形电气连接；较长轨道每隔 20m 应加一组接地装置。

2. 电气系统保护装置

（1）TN-S 接零保护系统：保护接零是指将电气设备不带电

的金属部分与供电系统的保护零线连接。《施工现场临时用电安全技术规范》JGJ 46 中规定：塔式起重机应采用 TN-S 接零保护系统供电，除应连接 PE 线外，还应作重复接地。TN-S 接零保护系统也就是平时所说的三相五线制。除原有的三相电源加一根工作零线外，从变压器中性点接地体专门引出一根用来接电气设备金属外壳的零线叫保护零线；三相五线制把工作零线与保护零线区分开来，避免了三相四线制中用工作零线作保护零线存在的安全隐患。采用 TN 系统作保护接零时，工作零线（N 线）必须通过总漏电保护器，保护零线（PE 线）必须由电源进线零线重复接地处或总漏电保护器电源侧零线处，引出形成局部 TN-S 接零保护系统。

（2）避雷接地保护：避雷接地保护装置"避雷针"，就塔机而言，塔机本身就是金属体，也是一个间接的避雷针，只要塔机的接地措施做好了，整体就具备防雷功能。《施工现场临时用电安全技术规范》JGJ 46 中指出，塔式起重机可以不做避雷针，但必须做可靠的接地。

（3）电气系统保护装置：详见第四章第（三）节第 6 款电气系统保护装置。

四、塔式起重机安全装置

塔式起重机安全装置是保证塔机在允许载荷和工作空间中安全运行，提供设备和人身安全的重要组成部分。根据《塔式起重机》GB/T 5031 的规定，塔机安全装置主要由限位装置、保险装置、限制装置、监控系统四个部分组成。塔机安全装置组成，如图 4-1 所示。

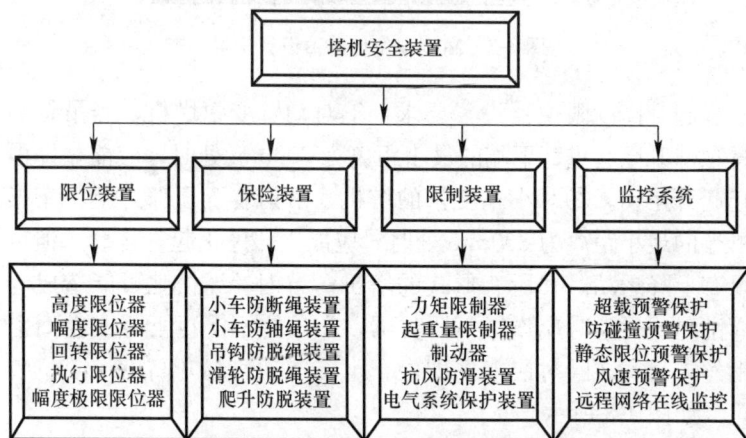

图 4-1 塔式起重机安全装置组成示意

（一）限位装置

限位装置（亦称限位器）是控制行程运行工作范围，防止运行机构行程越位的限位装置。限位装置包括高度限位器、幅度限位器、回转限位器、运行限位器、幅度极限限位器。

1. 高度限位器

高度限位器，亦称行程开关，起升高度限位器安装在卷扬机旁，如图 4-2 所示。

图 4-2　高度限位传感器设置位置

起升高度限位器设置要求：①对动臂变幅塔机，当吊钩装置顶部升至起重臂下端的最小距离为 800mm 处时，应能立即停止起升运动。②对小车变幅的塔机，吊钩装置顶部升至小车架下端的最小距离为 800mm 处时，应能立即停止起升运动，但可以有下降运动。③所有形式的塔机，当钢丝绳松弛可能造成卷筒乱绳或反卷时应设置下限位器，在吊钩不能再下降或卷筒上钢丝绳只剩 3 圈时应能立即停止下降运动。起升高度上限位装置，如图 4-3 所示。

图 4-3　起升高度上限位装置

2. 幅度限位器

幅度限位器是限制塔式起重机工作幅度变化的范围，防止变幅超出范围造成安全事故的安全装置。塔机变幅限位装置有动臂变幅幅度限位器和小车变幅幅度限位器两种。

（1）动臂变幅幅度限位器：动臂式塔机设置有臂架低位和臂架高位的幅度限位开关，以及防止臂架反弹后翻的装置。动臂式塔机还应安装幅度显示器，以便司机能及时掌握幅度变化情况并防止臂架仰翻造成重大破坏事故。动臂式塔机的幅度指示器，具有指明俯仰变幅动臂工作幅度及防止臂架向前后翻仰两种功能，装设于塔顶右前侧臂根交点处。

（2）小车变幅幅度限位器：该限位器是使小车在到达臂架端部或臂架根部之前停车，防止小车发生越位事故的安全装置。对于小车变幅塔机设置有小车行程限位开关和终端缓冲装置。限位开关动作后保证小车停车时其端部距缓冲装置最小距离为200mm，断开变幅机构的单向工作电源，以保证小车的停止运行，避免越位。小车变幅幅度限位器，如图4-4所示。

图 4-4　小车变幅幅度限位装置

3. 回转限位器

回转限位器（亦称角度限位传感器），是用以限制塔机的回转角度，实现工作定位，防止部件和电缆损坏的安全装置。设置中央集电环的塔机可以实现回转限位，不设中央集电环的塔机应设置正反两个方向的回转限位开关，使正反两个方向的回转范围控制在±540°内，以防止电缆线缠绕损坏，避免与障碍物发生碰撞等。当塔机回转达到极限位置时，自动切断往前方向回转的电源，使塔机只能朝相反方向运转。如图4-5所示。

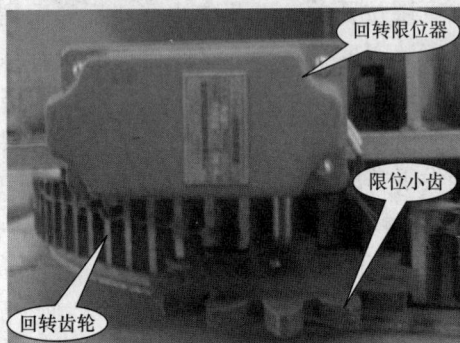

图4-5　回转限位器

4. 运行限位器

运行限位器（亦称行走限位器），主要是用于行走轨道式塔机大车行走范围限位，防止塔机出轨的安全装置。行走限位器通常装设于行走台车的端部，前后台车各设一套，可使塔式起重机在运行到轨道基础端部缓冲止挡装置之前完全停车。运行限位器，如图4-6所示。

5. 幅度极限限制器

幅度极限限制器（亦称防后倾限位装置），用于动臂变幅塔机，该装置设置在动臂的三脚架上，当起重臂在上仰中，超出规定的极限范围时，该装置将有效阻止起重臂在规定的幅度内停止，有效地防止起重臂向后倾覆事故发生。幅度极限限位装置，如图4-7所示。

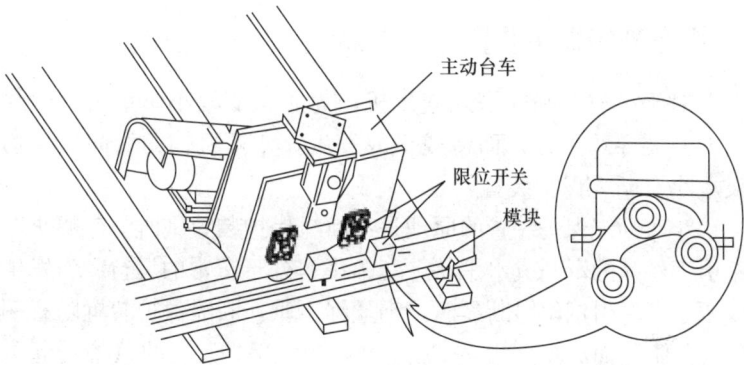

图 4-6　轨道行走式塔机运行限位器

图 4-7　幅度极限限位装置

（二）保险装置

　　塔机保险装置是指冗余设计的一种保险与保护装置，以增加塔机运行的安全、可靠性。保险装置包括小车防断绳装置、小车防轴绳装置、吊钩防脱绳装置、滑轮防脱绳装置、爬升防脱装置。

1. 小车断绳保护装置

对于小车变幅式塔式起重机，为防止变幅小车牵引钢丝绳断绳断裂导致失控，而造成事故发生，变幅机构的双向位置均设置小车断绳保护装置。

小车断绳保护装置的原理是：断绳保护装置平时受变幅小车牵引钢丝绳的牵制成水平状，变幅小车处于正常的运行。当发生变幅小车牵引钢丝绳断裂时，钢丝绳下垂，断绳保护装置随着钢丝绳的下垂而成垂直状，A 点上翘。断绳保护装置的 A 点受起重臂下横腹杆的阻挡，阻止行走小车无法移动。这种装置虽然简单有效，但在使用中，会出现因牵引钢丝绳松动引起装置 A 点上翘，影响变幅小车正常运行，因此，必须使牵引钢丝绳的松紧适度。另外，变幅小车是由两根钢丝绳分别牵引两个方向，所以需要具有两组断绳保护装置。小车断绳保护装置，如图 4-8 所示。

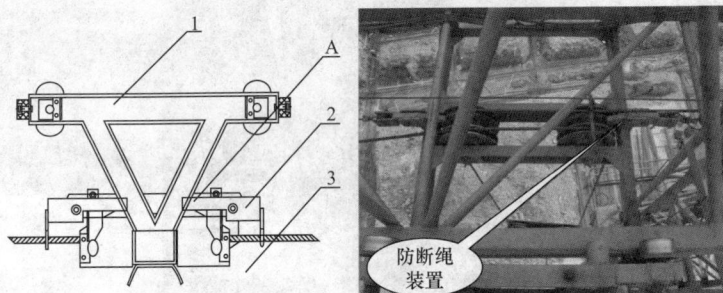

图 4-8　小车断绳保护装置示意

1—变幅小车；2—断绳保护装置；3—小车牵引钢丝绳；A—上翘点

2. 小车断轴保护装置

小车断轴保护装置设置在小车变幅的塔机上，即使小车轮轴断裂，小车也不会掉落，是阻止危害事故发生的安全装置。变幅小车断轴保护装置是依靠四个滚轮在起重臂的下弦杆上滚动，四根滚轮轴承受小车、吊具及起重物的全部重量，变幅小车的轮轴一旦断裂或出轨，行走小车就会坠落引起安全事故。其原理是：小车断轴保护装置安装在变幅小车架左右两根横梁上的两块固定挡板，当小车滚轮轴断裂时，固定挡板即落在吊臂弦杆上，固定挡板正好卡在滑轮轨道上，使小车不能脱落，起到断轴保护作用。小车断轴保护装置，如图 4-9 所示。

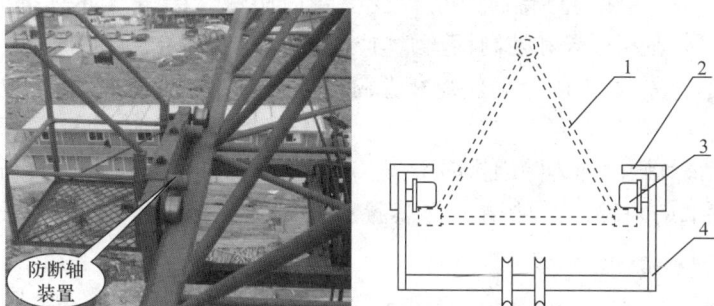

图 4-9　小车断轴保护装置示意

1—起重臂；2—固定挡板；3—小车滚轮；4—变幅小车

3. 吊钩防脱绳装置

吊钩防脱绳装置（亦称闭锁装置），是通过装置中弹簧的张力促使防脱钩挡板与吊钩保持封闭锁合状况，以防止钢丝绳从吊钩中脱出而发生事故。吊钩防脱绳装置，如图 4-10 所示。

图 4-10　吊钩防脱绳装置

4. 滑轮防脱绳装置

《塔式起重机安全规程》GB 5144 规定：滑轮、起升卷筒及动臂变幅卷筒均应设有钢丝绳防脱装置，该装置与滑轮或卷筒侧板最外缘的间隙不应超过钢丝绳直径的 20%。

滑轮和起升卷筒及动臂变幅卷筒防脱绳装置（亦称排绳器），是指引导和控制钢丝绳均匀、逐层排绕在卷筒上的辅助装置，一方面能确保钢丝绳在卷筒上排列整齐，减轻钢丝绳相互之间的挤压，降低其磨损程度，延长钢丝绳的寿命，另一方面能最大限度地排除因排绳不畅引起钢丝绳跳出卷筒两端边凸缘而带来的风险。滑轮防脱绳装置和卷筒防脱绳装置，如图 4-11 所示。

图 4-11　滑轮和卷筒防脱绳装置

5. 爬升防脱装置

爬升防脱装置，亦称顶升防脱装置。自升式塔机应具有防止塔身在正常加节、降节作业时，顶升横梁从塔身支承中自行脱出的功能。其结构为：在顶升横梁固定块外侧及标准节支承块上设置一个 Φ15 销孔，在销孔中插入用于连接顶升横梁固定块与标准节支撑块的防脱销轴。其原理为：在顶升作业时，将顶升销轴放入支承块弧槽中，塔机上部的重量由顶升横梁两端的顶升销轴支撑，防脱销轴插入的孔中，由防脱销轴将顶升横梁与标准节之间紧紧地连接起来，使之形成一个整体，顶升或下降作业完成后，即可将防脱销轴从孔中抽出。爬升防脱装置，如图 4-12 所示。

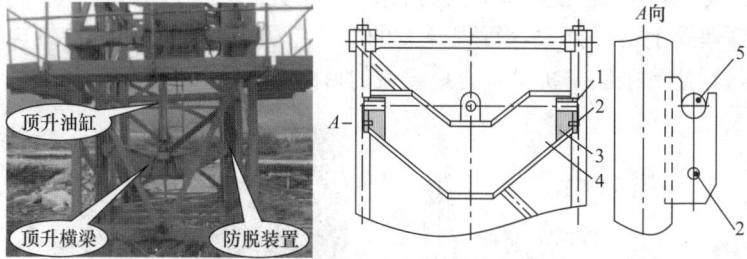

图 4-12　爬升防脱安全装置结构图
1—标准节支承块；2—防脱销轴；3—顶升横梁固定块；4—顶升横梁；5—顶升销轴

（三）限制装置

塔式起重机限制装置是为防止过载，预防倾覆事故而设置的安全装置。限制装置包括：力矩限制器、起重量限制器、制动器、抗风防滑装置、电气系统保护装置。力矩限制器是限制起重臂相应幅度起重量；重量限制器是限制最大起重量。这两套限制装置是塔机必不可少的安全保护装置。

1. 力矩限制器

力矩限制器在塔机起重力矩超载时起限制作用。

《塔式起重机安全规程》GB 5144 规定，塔机应安装起重力矩限制器，则其数值误差不应大于实际值的 ±5%。当起重力矩大于相应工况下的额定值并小于该额定值的 110% 时，应切断上升和幅度增大方向的电源，但机构可作下降和减小幅度方向的运动。

起重力矩限制器分为机械型和电子型两种，机械型中又有弓板型和杠杆环型两种形式。

1）弓板型起重力矩限制器：塔式起重机起升重物时，塔帽主肢受压变形，力矩限制器弓形放大杆受压向两边位移，带动固定在放大杆上的撞块向行程开关移动。当超过额定力矩时，撞块撞上行程开关，行程开关的触头打开，切断相应的控制电路，达到限制塔机吊重力矩载荷的目的。如图4-13所示。

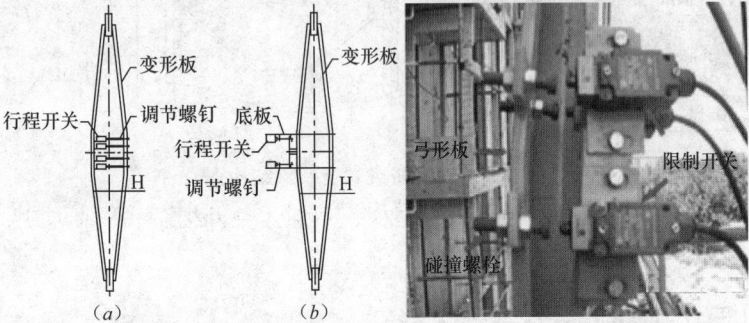

图4-13　弓板型起重力矩限制器
(a)拉伸式；(b)压缩式

2）杠杆环型力矩限制器：图4-14所示，为杠杆环型力矩限制器结构原理图及调试方法示意图。该力矩限制器一般安装在塔机塔顶主弦杆下端部位。当塔机起吊重物时，塔顶受力塔顶主弦杆发生弯曲变形，焊接在塔顶主弦杆上的上、下拉铁发生位移，即：上拉铁向上方弧线位移，下拉铁向下方弧线位移，使拉杆受力后拉动环体发生变形，又使装在环体内的弓形板发生变形，带动微动开关触头杆触碰到环体上的可调螺钉，微动开关进入转换状态。根据塔机起重臂顶端起吊重物的额定吨位，调整微动开关 $K_1 \sim K_4$ 的可调螺钉来控制力矩报警、超力矩断电等功能。当塔顶起重臂顶端超过额定起吊重量时，塔机停止起吊重物。

另外，在力矩限制器环体内装有微动开关 K_4（常开），当力矩限制器安装完毕，在调整拉杆顶部的松紧螺母时，应将 K_4

（常开）点的接线调整为接通状态，将连接线路穿入起升机构的控制线路中，防止随意增加塔机的起重量。

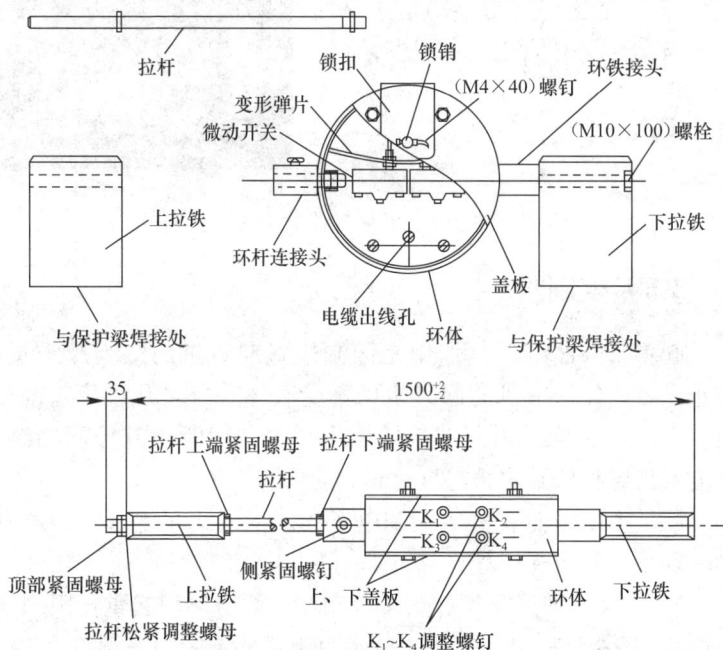

图 4-14 杠杆环型力矩限制器结构原理图及调试方法示意

3）电子式力矩限制器：

电子式力矩限制器工作时，当实际载荷为额定载荷的 90%以下时，显示器"正常"灯亮；当实际载荷达到额定载荷的 90%时，显示器"90%"灯亮，同时力矩限制器主机上蜂鸣器开始间断鸣叫预警；当实际载荷达到额定载荷的 100%时，显示器"100%"灯亮，同时力矩限制器主机上蜂鸣器开始间断加快鸣叫报警；当起重力矩大于相应工况下的额定值并小于该额定值的 110%时，显示器"110%"灯亮，同时力矩限制器主机上蜂鸣器长鸣报警，继电器动作，起升及起重臂增大工作半径的操作将会自动停止，但机构可作下降和减小幅度方向的运动，防止司机失误或野蛮操作造成危害性事故。如图 4-15 所示。

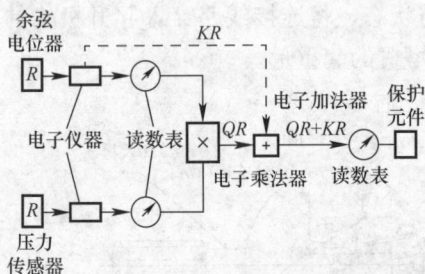

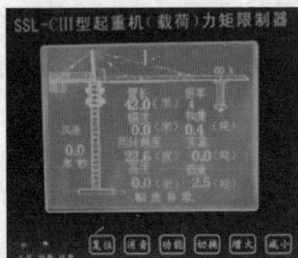

图 4-15　电子式力矩限制器框及电子显示图

2. 起重量限制器

起重量限制器，其作用是限制塔式起重机的最大起重量，防止过载，保护塔机的起升机构不受破坏。当起升载荷超过额定载荷时，起重量限制器能输出电信号，切断起升控制回路，并能发出警报达到防止起重量超载的目的。

起重量限制器有机械式和电子式。机械式起重量限制器有测力环型、弹簧秤型等。

1）机械式测力环型起重量限制器：测力环型起重量限制器结构与安装部位，如图 4-16 所示。当塔式起重机吊载重物时，滑轮受到钢丝绳合力作用，将此力传给测力环，测力环外壳

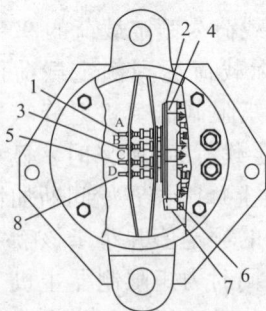

图 4-16　测力环起重量限制器外形及工作原理图

1、3、5、8—调整螺钉；2、4、6、7—限位开关

74

产生弹性变形（测力环的变形与载荷成一定的比例）；根据起升荷载的大小，滑轮所传来的力大小也不同。测力环外壳随受力产生变形，测力环内的金属片与测力环壳体固接，并随壳体受力变形而延伸。此时根据荷载情况来调节固定在金属片的调整螺栓与限位开关距离，当载荷超过额定起重量就使限位开关动作，从而切断起升机构的电源，达到对起重量超载限制的作用。

2）电子式起重量限制器：电子式超载限制器克服了机械式超载限制器体积大、重量大、精度低等缺点，并可以随时显示起吊物品的重量，近年来，已成为塔式起重机新型超载保护装置。电子式超载限制器可以根据预先调整好的起重量来进行控制。一般把它调节为额定起重量的 90% 报警，额定量的 110% 切断电源。电子式超载限制器主要由载荷传感器、电子放大器、数字显示装置、控制仪表等组成一个自动控制系统。电子式超载限制器工作原理，如图 4-17 所示。

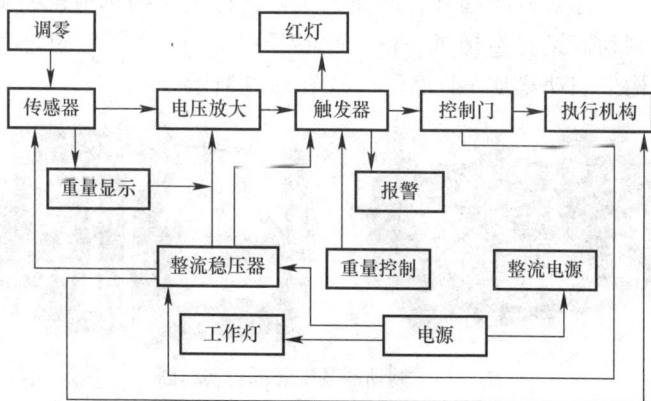

图 4-17　电子式超载限制器工作原理示意

3. 力矩限制器与起重量限制器的区别

起重力矩限制器是限制塔机的起重力矩不超过最大额定起重力矩，当起重力矩大于相应工况下的额定值并小于该额定值的 110% 时，应切断上升和幅度增大方向的电源，但机构可作下降和减小幅度方向的运动。起重力矩限制器主要保护起重机结构，通过同时切断上升及增幅方向电源来限制超载，其危险部位是靠近最大起重量相应最大幅度至臂端位置。

起重量限制器是限制塔机的起重量不超过最大额定起重量，起重量限制器主要保护的是提升系统。通过切断上升方向的电源来限制超载，危险部位位于臂根位置，起重量限制器行程开关动作的信息来源于起升机构的钢丝绳，它与起重量的大小有关。每套起重量限制器上均安装了两只行程开关。一只用于控制起升机构由高速转换为低速，另一只用于控制塔机的最大起重量，当达到最大额定起重量的 100%～110% 时，就切断起升机构的电源，吊物的重量减少后，才能恢复工作。

4. 制动器

塔式起重机在起升、回转、变幅、行走机构都应配备制动器。制动器设置卷扬机一侧，是卷扬机运行、控速、驻车的配套机构。制动器及安装部位，如图 4-18 所示。

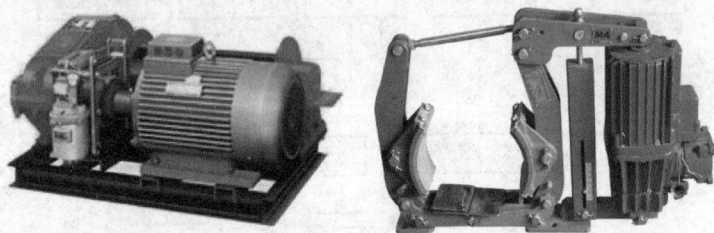

图 4-18　制动器及安装部位实体图

5. 抗风防滑装置

抗风防滑装置，是指防止塔机运行部件受到风载情况时处于静止状态下驻停不变的一种装置。包括有缓冲器、止挡装置、夹轨器、清轨板等。变幅小车止挡装置和起重臂终端缓冲装置，如图 4-19 所示。

图 4-19　小车止挡装置和起重臂终端缓冲装置

夹轨器、清轨板：主要设置在轨道式塔机上，夹轨器（亦称抓轨器）是防止塔机在非工作状态下停止（驻车）在轨道上滑移的装置。清轨板是在塔机大车运行机构与轨道之间设置清除轨道障碍的装置，清轨板与轨道之间的间隙不应大于 5mm。塔机轨道夹轨器分为手动式（左图）和电控式（右图）。塔机轨道夹轨器，如图 4-20 所示。

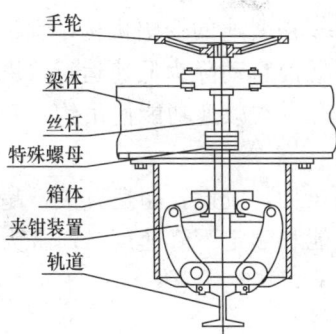

图 4-20　塔机轨道夹轨器示意

6. 电气系统保护装置

根据《塔式起重机》GB/T 5031 的规定，塔机应设置以下电气系统保护装置：

（1）电机保护：电机应具有短路保护，在电机内设置热传感元件、热过载保护的其中一种或一种以上保护，具体选用应按电机及其控制方式确定。

（2）线路保护：所有外部线路都应具有短路或接地引起的过电流保护功能，在线路发生短路或接地时，瞬时保护装置应能分断线路。

（3）错相与缺相保护：塔机应设有错相与缺相、欠压、过压保护。

（4）零位保护：塔机各机构控制回路应设有零位保护。运行中因故障或失压停止运行后，重新恢复供电时，机构不得自行动作，应人为将控制器置零位后，机构才能重新启动。

（5）失压保护：当塔机供电电源中断后，各用电设备均应处于断电状态，避免恢复供电时用电设备自动启动。

（6）紧急停止：司机操作位置处应设置紧急停止按钮，在紧急情况下能方便切断塔机控制系统电源。紧急停止按钮应为红色非自动复位式。

（7）预减速保护：塔机具有多挡变速的变幅机构，宜设有自动减速功能使变幅到达极限位置前自动降为低速运行。塔机具有多挡变速的起升机构，宜设有自动减速功能使吊钩在到达上限位前自动降为低速运行。

（8）超速开关：对动臂变幅机构，应设置超速开关，超速开关的整定值取决于控制系统性能和额定下降速度，通常为额定下降速度的 1.25~1.4 倍。

（四）监控系统

《建筑塔式起重机安全监控系统应用技术规程》JGJ 332 规定，塔机安全监控系统是对塔机重要运行参数进行监视与控制，具备显示、记录、存储、传输及控制功能的系统。安全监控系统应当具有超载报警、限位报警、风速报警、超载控制、区域防碰撞、实时数据显示、历史数据记录等功能。塔机安全监控系统布置位置，如图 4-21 所示。

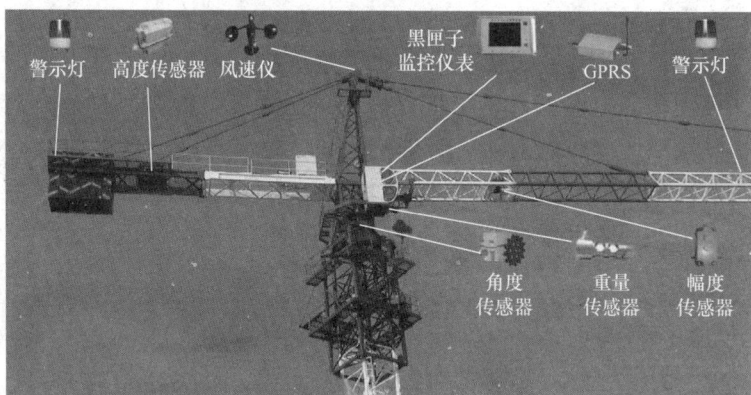

图 4-21 塔机安全监控系统布置位置示意

1. 塔机安全监控系统作用

安装塔机安全监控系统，建立塔机远程监控管理平台，对塔机的工作过程进行全程记录和实时监管，对操作者技能、工作效率、有无违章劣迹等提供有效数据，实现建设主管部门和企业对施工现场塔式起重机运行状态的实时监控，提高安全管理效率。塔机安全监控系统具有显示与预警、存储、数据传输、起重量限制、起重力矩限制、高度限制、变幅限制、角度限制等功能。

2. 塔机安全监控系统要求

（1）超载预警保护：当起重吊物达到额定起重力矩或额定起重量的 90％以上时，系统会向司机发出断续的声光预警；达到额定起重力矩或额定起重量的 110％时，系统将实现危险操作行为的自动控制，只允许下降或减小幅度方向的运动，不允许向上或增大幅度方向的运动。超载预警保护系统显示状态，如图 4-22 所示。

（2）群塔作业碰撞预警保护：塔机群塔作业时，群塔之间存在起重臂与起重臂、起重臂与钢丝绳、起重臂与平衡臂、起重臂与塔身等多种碰撞安全隐患，当塔机起重臂运行过程中可能出现碰撞危险时，系统将根据设定的角度、距离，向司机发出断续或连续声光报警。当塔机起重臂达到碰撞设置极限值的时候，系统将自动控制起重臂回转，允许起重臂向安全方向回转，不允许起重臂向危险方向运转。如图 4-23 所示。

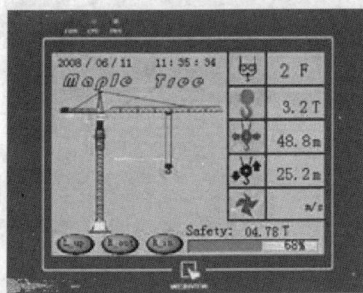

图 4-22　超载预警保护
系统显示状态

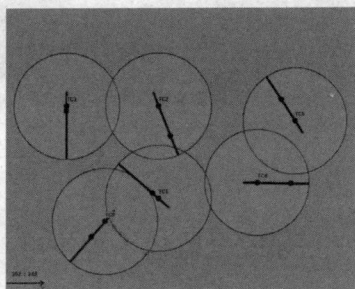

图 4-23　群塔作业碰撞
预警保护显示

（3）静态区域限位预警保护：当塔机起重臂作业覆盖范围内有建筑物、高压输电线、道路、学校等特定危险区域时，系统将根据设定的角度、高度、距离，对特定静态区域进行保护，不允许塔机起重臂从任何方向进入该静态区域。当起重臂回转接近静态区域时，系统向司机发出断续或连续声光报警，当塔机达到静态区域设置极限值的时候，系统将自动控制起重臂、吊绳、吊钩的运行方向，只允许向安全方向运行，不允许向危险方向运行。起重臂作业覆盖范围监控，如图 4-24所示。

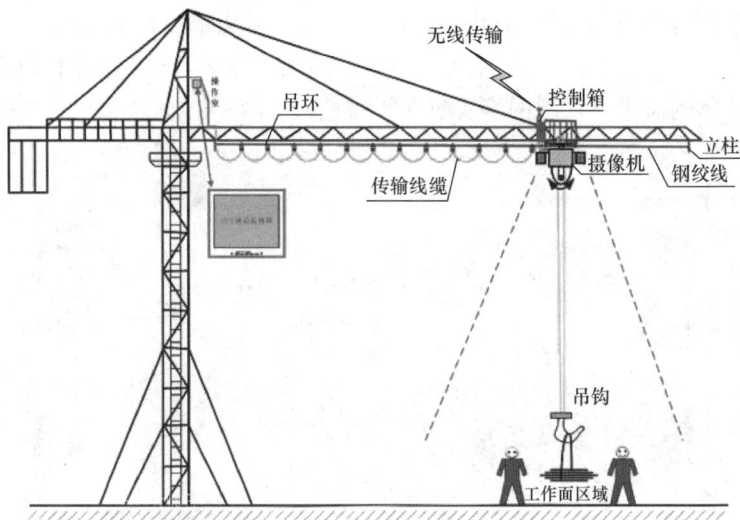

图 4-24 起重臂作业覆盖范围监控示意

（4）风速预警保护：塔机应在起重臂与根部铰点高度大于 50m 处安装风速仪。塔机运行时，当风速超过 4 级（大于 7.9m/s）时，系统进行声光预警；当风速超过 6 级（大于 13.8m/s）时，系统进行停止作业的报警。安装在塔机上的风速仪，如图 4-25 所示。

图 4-25 安装在塔机上的风速仪

（5）远程网络实时在线监控：将所有监控到的参数信息传输到各有关部门的监控管理平台，采用不同的设备归属单位使用网页登录方式，并根据登录用户的权限密码，实现分区域、进行远程监控、设备管理、信息查询和发布等，满足不同监控群体的需求。远程网络实时在线监控，如图 4-26 所示。

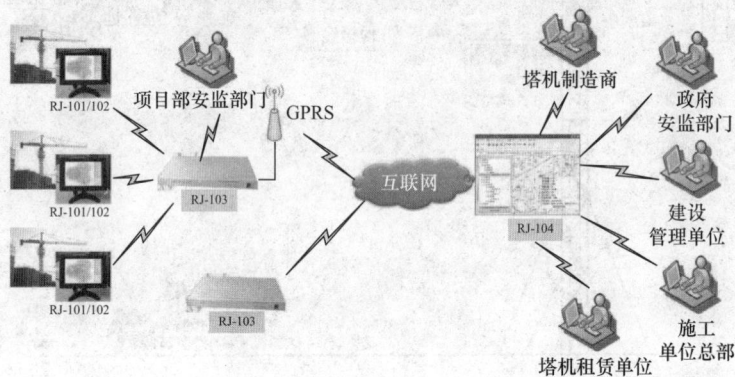

图 4-26　远程网络实时在线监控

五、塔式起重机主要零部件

　　塔式起重机主要部件包括起重钢丝绳、起重吊钩、滑轮及滑轮组、卷扬机及卷筒、高强螺栓等，这些部件有的独立设置，有的与其他机构组合，都具有功能独特的作用，为塔机工作机构有效运行提供了条件。

（一）起重钢丝绳

　　起重钢丝绳是起重作业必备的重要部件，应用于起重机械的起升、变幅机构和起重作业中的绑扎、牵引、缆风绳以及塔机安装、拆卸中的吊运作业。

1. 钢丝绳概述

　　概念：钢丝绳（亦称钢索），是由优质钢丝经过打轴、捻股、合绳等工序制成的绳状制品。钢丝绳具有自重轻、强度高、绕性好、承受冲击力强、不易骤然整根折断、高速运行噪声低、使用安全可靠等特点。钢丝绳的基本性能包括钢丝绳的强度、韧性、耐腐蚀性。钢丝绳的结构外形，如图 5-1 所示。

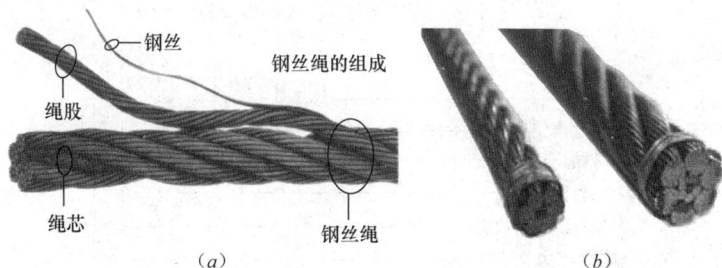

（a）　　　　　　　　　　　　　　　（b）

图 5-1　钢丝绳

2. 钢丝绳分类及标记

按用途分类：根据《一般用途钢丝绳》GB/T 20118 和《重要用途钢丝绳》GB/T 8918 规定，钢丝绳分为一般用途钢丝绳和重要用途钢丝绳两类。

按绕制（捻制）方法分，分为单绕绳、双绕绳和混合捻三种；按绳股结构分点接触、线接触和面接触三种。

按绳股数目分为 6 股、8 股和 18 股绳等多种。

钢丝绳捻距，是指钢丝绳股芯或股围绕绳芯旋转一周相应两点间沿中心线的直线距离，亦称节距，如图 5-2 所示。

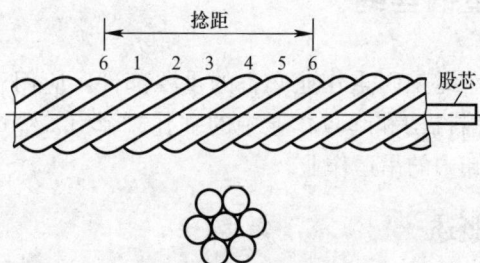

图 5-2　钢丝绳捻距示意

钢丝绳标记，《钢丝绳 术语、标记和分类》GB/T 8706 规定，钢丝绳的标记格式，如图 5-3 所示。

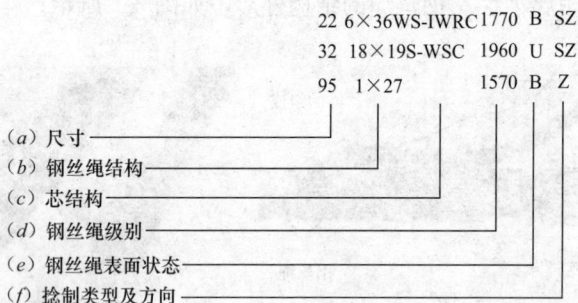

```
22  6×36WS-IWRC 1770 B SZ
32  18×19S-WSC   1960 U SZ
95  1×27         1570 B Z
```

（a）尺寸
（b）钢丝绳结构
（c）芯结构
（d）钢丝绳级别
（e）钢丝绳表面状态
（f）捻制类型及方向

图 5-3　钢丝绳标记示例

3. 钢丝绳的测量

钢丝绳实测直径使用宽钳口的游标卡尺来测量。测量应在无张力的情况下，在钢丝直线部位进行，在相距至少 1m 的两个点上，并在每个点的相互垂直的方向上各测量一个直径。钢丝绳测量方法，如图 5-4 所示。

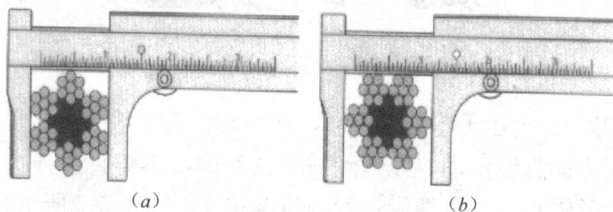

(a)　　　　　　　　　　　(b)

图 5-4　钢丝绳测量方法

(a) 错误的度量方法；(b) 正确的度量方法

4. 钢丝绳解卷释放

当钢丝绳从卷盘或绳卷展开时，应采取各种措施避免绳的扭转或降低钢丝绳扭转的程度。钢丝绳解卷释放时应注意以下事项：

（1）对于有绳盘的钢丝绳，在放绳时应将绳盘置于可使绳轮转动的支架之上，然后拽引钢丝绳端部，使其平直伸展。带绳盘钢丝绳正确解绳，如图 5-5 所示；带绳盘钢丝绳错误解绳，如图 5-6 所示。

正确解绳

图 5-5　带绳盘钢丝绳正确解绳

图 5-6　带绳盘钢丝绳错误解绳

（2）对于无绳盘的钢丝绳，在放绳时应将绳卷立起，沿绳端部反方向直线滚动，以达到放绳的目的，不得直接拽拉绳端，避免钢丝绳打结。无绳盘钢丝绳正确解绳，如图 5-7 所示；无绳盘钢丝绳错误解绳，如图 5-8 所示。

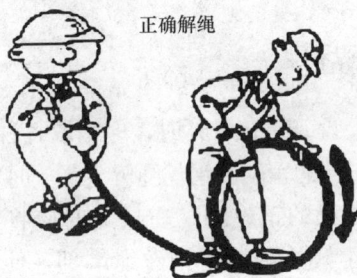

图 5-7　无绳盘钢丝绳正确解绳

图 5-8　无绳盘钢丝绳错误解绳

（3）钢丝绳重新盘绕成卷时（倒盘分卷），主盘和分盘上的钢丝绳缠绕方向、滚动方向应一致，松绳的引出方向和重新盘绕成卷的绕行方向应保持一致，不得随意抽取，以免形成圈套和死结。正确的倒盘分卷方法，如图 5-9 所示；错误的倒盘分卷方法，如图 5-10 所示。

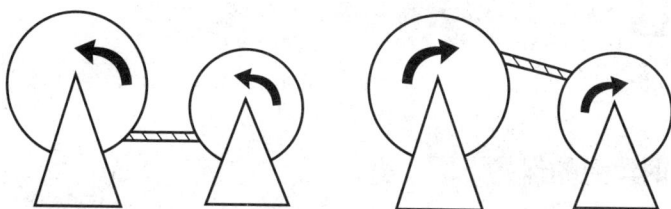

图 5-9　正确的倒盘分卷方法

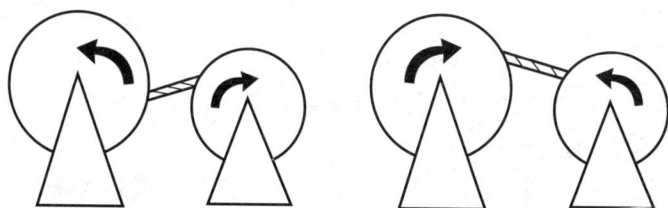

图 5-10　错误的倒盘分卷方法

（4）在钢丝绳解卷或重新缠绕过程中，应避免钢丝绳与污泥接触，以防止钢丝绳生锈。

（5）解卷展绳时应避免钢丝绳与电焊线碰触，保持与明火有足够的安全距离，以防引燃钢丝绳表明的油层。

（6）在安装过程中，只要条件允许，就要确保钢丝绳始终向一个方向弯曲，即从供绳卷盘上部放出的钢丝绳进入到起重机或捯链卷筒的上部（称为"上到上"），从供绳卷盘下部放出的钢丝绳进入到起重机或捯链卷筒的下部（称为"下到下"），控制绳张力，从卷盘底部向卷筒底部传送钢丝绳，如图 5-11 所示。

图 5-11　控制绳张力，从卷盘底部向卷筒底部传送钢丝绳示意

5. 钢丝绳的保护

如果从较长的钢丝绳上截取所需长度时，应对切割点两侧进行保护（捆扎），防止切割后松捻（松散）。钢丝绳切割前的保护方法如下：

（1）钢丝绳剪截前应在切割处两处边相距 10～20mm 用铁丝扎紧，捆扎长度为绳径的 1～4 倍，以免钢丝绳在断头处松开，再用切割工具切断。

（2）在截断钢丝绳时，应使用专用刀具或砂轮锯截断，避免使用气焊切割，以防钢丝绳润滑油燃烧而影响钢丝绳的使用期。

（3）钢丝绳的缠扎宽度随钢丝绳直径大小而定，直径为 15～24mm，缠扎宽度不小于 25mm；直径为 25～30mm 的钢丝绳，缠扎宽度不小于 40mm；直径为 31～44mm 的钢丝绳，缠扎宽度不小于 50mm；直径为 45～51mm 的钢丝绳，缠扎宽度不小于 75mm。缠扎处与截断口之间的距离应不小于 50mm。单层股钢丝绳切割前的保护，如图 5-12 所示。

6. 钢丝绳捻向选择方法

钢丝绳解卷释放后，要根据卷筒的旋向选择钢丝绳的捻向，钢丝绳在卷筒上缠绕方向，必须是使钢丝绳紧捻，而不是松捻

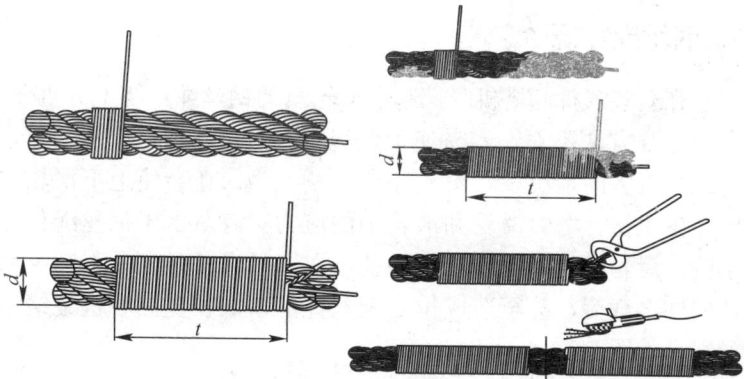

图 5-12 单层股钢丝绳切割前的保护

的"破劲"方向缠绕。左交互捻、右交互捻两种型号的钢丝绳可用于左旋卷筒，也可用于右旋卷筒。左捻、右捻两种钢丝绳与滚筒旋向有一定的对应关系，捻向与旋向可用左右手定则判断，伸出右手，拇指指向绳头固定端，手背朝上表示上出绳，手背朝下表示下出绳，面向提升方向，若为左手则为左捻绳，若为右手则为右捻绳。钢丝绳捻向选择，如图 5-13 所示。

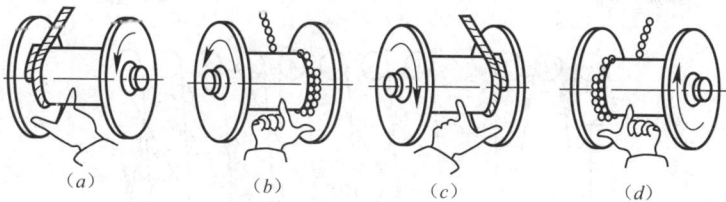

图 5-13　钢丝绳捻向选择

(a) 右捻绳上卷式左入口卷筒的钢丝绳安装应如图 (a) 所示，从左往右排列，这样钢丝绳会越捻越紧，不会松散；(b) 右捻绳下卷式右入口卷筒的钢丝绳安装应如图 (b) 所示，从右往左排列，这样钢丝绳会越捻越紧，不会松散；(c) 左捻绳上卷式右入口卷筒的钢丝绳安装应如图 (c) 所示，从右往左排列，这样钢丝绳会越捻越紧，不会松散；(d) 左捻绳下卷式左入口卷筒的钢丝绳安装应如图 (d) 所示，从左往右排列，这样钢丝绳会越捻越紧，不会松散

7. 钢丝绳穿绕

在安装、拆卸塔机时，起重滑轮组的钢丝绳穿绕十分重要。如果穿绕方法不对，容易使钢丝绳弯曲过度，加速磨损；在滑轮组数较多的情况下，由于穿绕方法不当，还会使上下滑轮之间产生歪扭，增大滑轮和滑轮轴的应力。有时由于钢丝绳传力不畅，滑轮组的钢丝绳局部松弛，在起吊设备时容易引起突然性的冲击载荷，甚至造成拉断钢丝绳的事故发生。塔机穿绕钢丝绳，如图 5-14 所示。

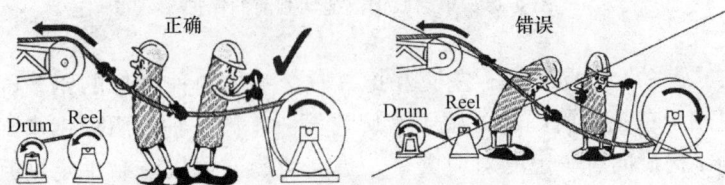

图 5-14　塔机钢丝绳穿绕

起重滑轮组钢丝绳穿绕方法主要有"花穿法和顺穿法"两种。如图 5-15 所示。

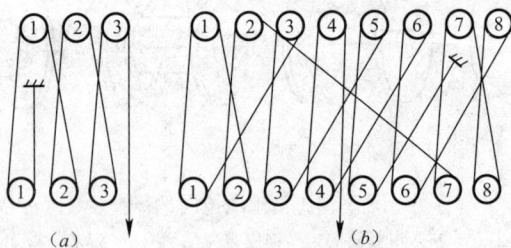

图 5-15　钢丝绳穿绕
(a) 花穿法；(b) 顺穿法

(1) 花穿法：在滑轮组滑轮数量较多，又用一台卷扬机牵引，时可用花穿法，用以改善滑轮组的工作条件并降低抽出头的拉力，还可保证滑轮组受力均匀而起吊平稳。

（2）顺穿法：是将绳索的一段按顺序逐个穿绕定滑轮和动滑轮的一种简单穿绳方法。顺穿法分为单头顺穿法和双抽头顺穿法，单头顺穿法会因各段绳索受力递增，引出端受力最大，从而易造成滑轮歪斜。而双抽头顺穿法可以避免滑轮发生歪斜，而且工作平稳，减少阻力，加快吊装速度。

8. 钢丝绳固定

钢丝绳绳端连接固定一般有六种方法，即编结法、斜楔固定法、锥形套浇铸法、压套法、绳夹连接法、压板固定法。塔机安装中常见的有绳夹法和压板固定法两种。

（1）绳夹连接法，应符合以下要求：

1）绳夹间距应是钢丝绳直径的 6～7 倍，最后一个绳卡距绳头的长度不得小于 140mm。

2）绳夹固定顺序应从短绳一端开始先初预紧，再预紧靠近带有绳套端，最后预紧中部的绳夹，待钢丝绳受力后再次紧固，并宜拧紧到使尾端钢丝绳受压处直径高度压扁 1/3。钢丝绳绳夹固定顺序，如图 5-16 所示。

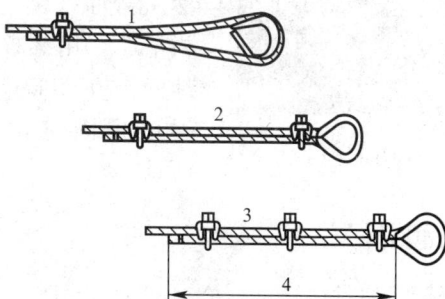

图 5-16　钢丝绳绳夹固定顺序示意

3）绳夹滑鞍（夹板）应在钢丝绳承载时受力的一侧，U 形螺栓应在钢丝绳的尾端，不得正反交错；如图 5-17 所示。

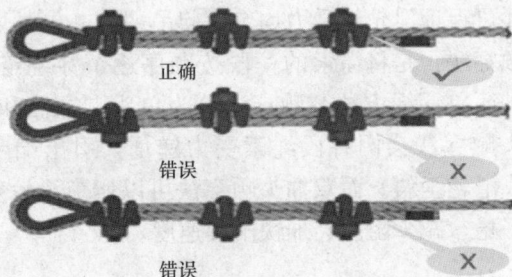

图 5-17　钢丝绳绳夹固定示意

4）与钢丝绳直径匹配的绳夹数量应满足规定的要求，绳夹固定数量，见表 5-1。

钢丝绳绳夹固定数量　　　　　　　　　　　表 5-1

钢丝绳公称直径（mm）	≤18	>18～26	>26～36	>36～44	>44～60
最少绳夹（个）	3	4	5	6	7

（2）压板固定法，主要用于起升或变幅卷筒上钢丝绳端头的固定，压板底面带有绳槽，用以压紧钢丝绳。将钢丝绳从卷筒端部的 V 形孔内引出，然后弯曲并拢，再用带槽压板卡紧，用螺栓将压板牢靠地固定在卷筒端板上。钢丝绳压板固定法，如图 5-18 所示。

图 5-18　钢丝绳压板固定法

9. 钢丝绳的润滑保养

在出现干燥或腐烛迹象前，应对其进行润滑。

钢丝绳润滑保养包括滴涂法、刷涂法、喷溅法三种方法，如图 5-19 所示。

滴涂法，将润滑油盛装在油桶中，开关滴漏的润滑油对准钢丝绳表面。

刷涂法，使用专用毛刷，将润滑脂涂刷在钢丝绳表面。

喷溅法，利用高压将润滑脂喷溅在钢丝绳表面。

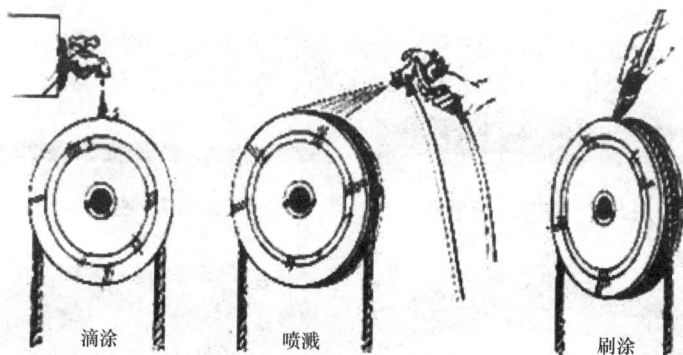

滴涂   喷溅   刷涂

图 5-19 钢丝绳三种润滑方法示意

10. 钢丝绳的报废

钢丝绳使用中受到强大的拉应力作用，通过卷绕系统时反复弯折和挤压造成金属疲劳，运动中与滑轮或卷筒槽摩擦，久而久之，就会出现缺陷无法保证正常安全工作。

《起重机 钢丝绳 保养、维护、检验和报废》GB/T 5972 规定，钢丝绳出现劣化模式以及严重缺陷应当及时报废更新。

各种典型的劣化模式（缺陷）的实例，如图 5-20～图 5-43 所示。

图 5-20 钢丝突出

图 5-21 绳芯突出——单层钢丝绳

图 5-22 钢丝绳直径局部减小
（绳股凹陷）

图 5-23 绳股突出或扭曲

图 5-24　局部扁平

图 5-25　扭结（正向）

图 5-26　扭结（反向）

图 5-27　波浪形

图 5-28　笼状畸形

图 5-29　外部磨损

图 5-30　外部腐蚀

图 5-31　外部腐蚀的局部放大

图 5-32　股顶断丝

图 5-33　股沟断丝

图 5-34　阻旋转钢丝绳的内绳突出

图 5-35　绳芯扭曲引起的钢
丝绳直径局部增大

图 5-36　扭结

图 5-37　局部扁平

（二）起重吊钩

起重吊钩是起重机械和起重吊装作业的一种取物吊具，塔机起升机构设置有起重吊钩。

1. 概述

起重吊钩是塔式起重机的主要取物装置，吊钩借助于滑

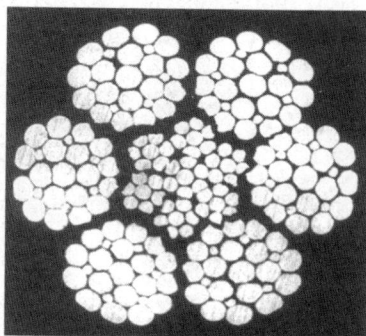

图 5-38　内部腐蚀

轮或滑轮组等部件悬挂在起升机构的钢丝绳上。吊钩采用低碳钢和低碳合金钢制造。吊钩分为单钩、双钩、电子秤吊钩三种。

2. 吊钩的危险断面

吊钩有三个危险断面，是吊钩检查的重点部位。吊钩的三个危险断面，如图 5-39 所示。

（1）A-A 危险断面：一方面受吊索拉力作用，吊钩有被拉直的趋势；另一方面还受弯矩作用。由于作用于此断面的弯矩最大，其所受弯曲应力也最大，此断面是一个危险断面。

（2）B-B 危险断面：B-B 断面在吊索拉力的作用下，有被拉直和剪断的趋势，此处所受剪切应力最大，是吊索磨损部位，随着断面面积减小，承载能力下降，故也是危险断面。

（3）C-C 危险断面：该断面是钩柱最细的部分，在吊索拉力的作用下，有被拉断的趋势。此处所受拉应力最大，故也是危险断面。

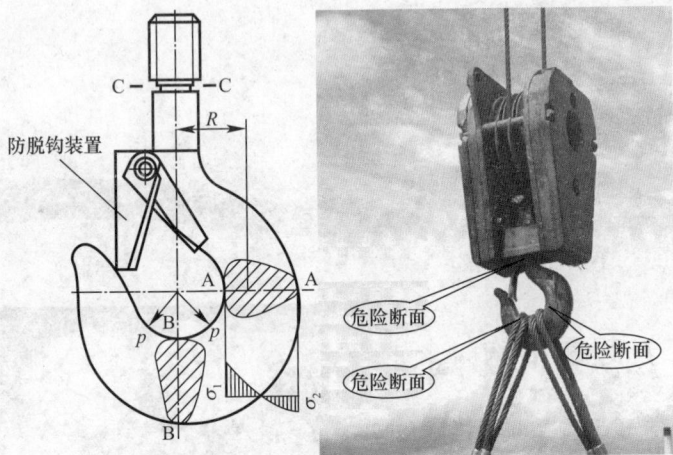

图 5-39　吊钩危险断面分析图

3. 吊钩的报废标准

《塔式起重机安全规程》GB 5144 规定，吊钩禁止补焊，有下列情况之一的应予报废：

（1）用 20 倍放大镜观察表面有裂纹。

（2）钩尾和螺纹部分等危险截面及钩筋有永久性变形。

（3）挂绳处截面磨损量超过原高度的 10%。

（4）心轴磨损量超过其直径的 5%。

（5）开口度比原尺寸增加 15%。吊钩缺陷，如图 5-40 所示。

图 5-40　吊钩缺陷

（三）滑轮和滑轮组

滑轮和滑轮组在起重机械上广泛使用，在起重作业中它是重要省力工具，动臂式塔式起重机安装、拆卸中往往需要滑轮及滑轮组进行辅助起重作业。

1. 滑轮和滑轮组概述

滑轮和滑轮组是起重吊装、搬运作业中较常用的起重工具。在起重作业中，动滑轮与定滑轮组合使用称之为滑轮组，滑轮与卷扬机配合使用能起吊和搬运很重的物体。

滑轮按使用方式不同，可分为定滑轮和动滑轮两种。中心轴固定不动的滑轮叫定滑轮，不省力但可以改变力的方向。中心轴跟重物一起移动的滑轮叫动滑轮，能省一半力，但不改变力的方向。如图 5-41 所示。

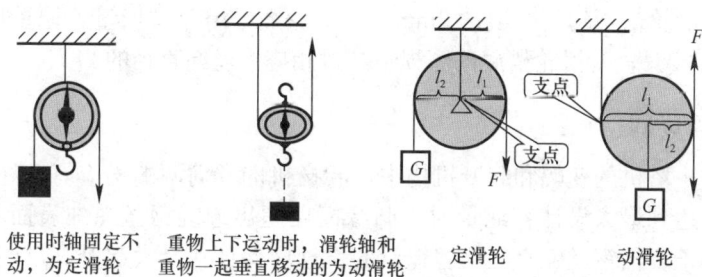

图 5-41　定滑轮和动滑轮

将一定数量的动滑轮和定滑轮组合使用称之为滑轮组。滑轮组既省力又能改变力的方向。滑轮组的省力多少由绳子股数决定，其机械效率则由被拉物体重力、动滑轮重力及摩擦等决定。滑轮组在起重机、卷扬机、升降机或特定工作场所得到广泛应用。如图 5-42 所示。

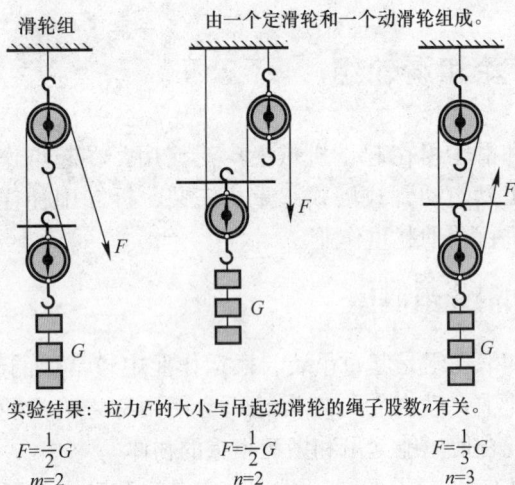

图 5-42 滑轮组

2. 滑轮报废

滑轮有下列情况之一的，应予以报废：①裂纹或轮缘破损；②滑轮槽不均匀磨损达 3mm；③滑轮绳槽壁厚磨损量达原壁厚的 20%；④滑轮槽底的磨损量超过相应钢丝绳直径的 25%。

3. 卷筒

塔机的变幅和起升机构中，卷扬机的卷筒两端均应有凸缘，在达到最大设计容绳量时，凸缘高度超出缠绕钢丝绳外表面不小于 2 倍钢丝绳直径；容绳量的设计应保证在最大起升高度时，吊钩下降到最低位置状态，卷筒上至少还存有 3 圈安全圈。

卷扬机卷筒在使用中有下列情况之一时必须更换或修理：①卷筒壁厚已减少 10%；②筒体上有裂纹或其他受力部位有明显变形；③卷筒轴的磨损度达到实际直径的 3%～5%。

（四）新技术装置

塔机新技术装置是指在塔机上安装应用的节能环保技术装

置，包括降尘装置、太阳能障碍指示灯、高效节能 LED 灯等。

（1）塔机降尘装置：建筑施工现场的环境污染之一是粉尘，为了抑制建筑工地尘土飞扬造成环境空气中总悬浮颗粒物上升，塔机上安装喷淋降尘装置实现扬尘防治。该装置的主立管附着于塔机塔身内侧，立管顶部横向主管架设于起重臂底部，设若干个喷头，依靠塔机旋转使喷淋雾状降尘面积覆盖整个塔机旋转半径范围内，工作面广，可对空气中扬尘重点部位进行加强型喷雾洒水降尘。塔机高空喷淋降尘装置，如图 5-43 所示。

图 5-43　塔机高空喷淋降尘装置

（2）太阳能障碍指示灯：塔式起重机安装高度大于30m 且高于周围建筑物时，应在塔顶和臂架端部安装红色障碍指示灯，太阳能障碍灯指示灯不受停机停电的影响。太阳能障碍指示灯，如图 5-44 所示。

图 5-44　太阳能障碍指示灯

（3）高效节能 LED 灯：建筑施工现场夜间施工难以避免，特别是大体积混凝土浇筑需要白天黑夜连续作业，有时还需要配合施工。LED 是一种新型高级环保照明灯具，安装简单方便，适用于塔机吊装、斜装作业；其照明及灯具能够满足夜间施工要求，节约能源效果明显。塔机专用高效节能 LED 灯，如图 5-45 所示。

图 5-45 塔机专用高效节能 LED 灯

六、塔式起重机基础

塔式起重机基础是塔机的根基,塔式起重机在架设后,所产生的各种作用力均直接作用在基础上由基础予以平衡,塔式起重机基础是塔机使用稳定性的关键环节,塔机基础质量是保证塔机抗倾覆能力的重要条件,也是确定塔机三维立体工作空间的决定因素。

(一) 塔机基础基本知识

塔式起重机基础是指承载塔机整机重量传动塔机运行各种作用力的设施。

1. 塔机基础分类

塔机基础分类:塔机基础根据塔机种类不同可分为:固定式、装配式、轨道式三种。塔式起重机基础形式,如图 6-1 所示。

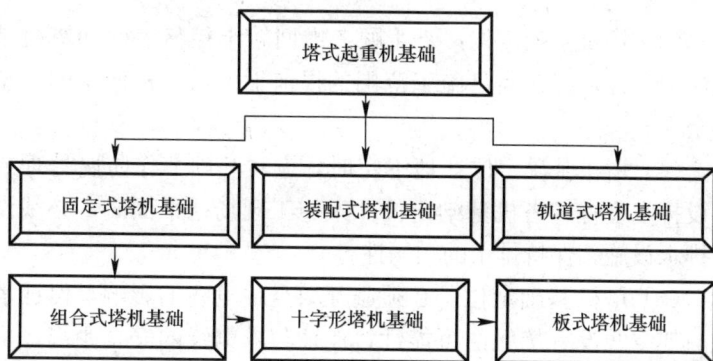

图 6-1 塔式起重机基础分类形式

2. 塔机基础施工步骤

塔机基础施工步骤为：塔机选型→现场布置→地基勘察→基础设计→基础施工→基础交验。

塔机基础施工单位根据基础设计方案进行塔机基础施工，基础施工必须达到设计要求，混凝土强度必须有检测报告。施工单位与塔机安装单位进行交验，交验后双方签字认可后，塔机安装单位进入塔机安装程序。

3. 塔机基础定位

塔机基础要满足以下条件：

（1）塔机基础定位：①既要考虑安装方便，又要考虑拆卸方便；②塔机基础与建筑物平行设置，以保证附墙装置的安全距离与角度；③塔机安装场地范围内不得有障碍物，塔机运行与周边设施无影响性，塔机基础排水的顺畅性；④塔机混凝土基础底下不得有涵管、防空洞等。

（2）多台塔机定位：多台塔机在同一施工现场要测量计算相邻塔机的安全距离，水平和垂直方向都要保证不少于2m的安全距离，相邻塔机的塔身和起重臂不能有干涉的可能性。

（3）塔机基础定位：要兼顾考虑回转半径覆盖面和塔机承载能力条件，即在满足施工范围的提前下保证塔机使用的安全冗余性。

（4）塔机基础定位在地下室时，应对基础节作防腐处理或增设排水设置；塔机基础定位低于施工现场地平面时，必须设置排水设施，保持排水的顺畅性。

（5）塔机基础定位：必须避开架空输电线的影响，保证塔机与架空线没有接触的可能性，保证与输电线的安全距离。塔机与架空线的安全距离，应符合表3-1的规定。

（二）固定式塔机基础

1. 一般规定

（1）固定式塔机基础施工应按《塔式起重机混凝土基础工程技术规程》JGJ/T 187 和《建筑施工塔式起重机安装、使用、拆卸安全技术规程》JGJ 196 等相关规定以及《塔机使用说明书》的要求进行设计和施工。

（2）固定式塔机基础，是指采用独立的钢筋混凝土结构体作为基础传递各种作用力到地基。固定式塔机基础的结构形式有矩形（包括方形）板式和十字形式、桩基承台及组合式。十字形基础，如图 6-2 所示。

矩形板式基础，如图 6-3 所示。

图 6-2　十字形塔机基础

图 6-3　矩形板式塔机基础

组合式基础，如图 6-4 所示。

桩基承台，一般采用钢筋混凝土结构，起承上传下的作用，把墩身荷载传到基桩上。各种承台的设计中都应对承台作桩顶局部压应力验算，承台抗弯及抗剪切强度验算。承台的沉降问题非常重要。桩基承台，如图 6-5 所示。

图 6-4　组合式基础

图 6-5　桩基承台

（3）天然地基承台基础：上部结构之下、垫层之上的结构物称为承台基础，它是在垫层上施工形成的承托上部结构物的台状体。天然承台基础由素混凝土垫层、钢筋、预埋地脚、预埋马镫（格构状钢结构）、防雷接地装置组成。塔机天然地基承台基础，如图 6-6 所示。

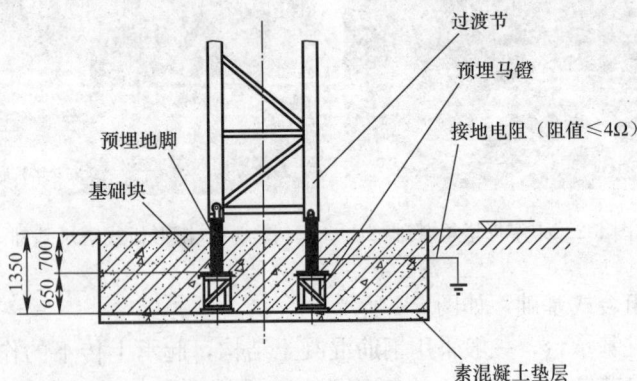

图 6-6　塔机天然地基承台基础

（4）桩基承台基础：桩基承台基础是指为承受、分布由墩身传递的荷载，在基桩顶部设置的联结各桩顶的钢筋混凝土平台。承台是桩与柱或墩联系部分，承台将几根，甚至十几根桩联系在一起形成桩基础。承台分为高桩承台和低桩承台。低桩承台一般埋在土中或部分埋进土中；高桩承台一般露出地面或水面。

（5）PHC管桩基础：PHC管桩，即预应力高强度混凝土管桩。是采用先张预应力离心成型工艺，制成的一种空心圆筒型混凝土预制构件。标准节长为10m，直径从300～800mm，混凝土强度等级≥C80。PHC管桩的施工方法主要有锤击和静压两种。锤击法沉桩振动剧烈，噪声大，对周边环境影响大，这是锤击法的一大弊端。而静压法施工，无振动，无噪声，很适合在市区及其他对噪声有限制的地点施工。PHC管桩静压法施工，如图6-7所示。

（6）钢筋混凝土灌注桩基础：是一种直接在现场桩位上就地成孔，然后在孔内浇筑混凝土或安放钢筋笼再浇筑混凝

图6-7　PHC管桩静压法施工

土而成的桩。灌注桩基础是靠桩头和桩身共同承担荷载的一种基础。灌注桩的施工工艺：钻孔→吊装钢筋笼→浇灌混凝土→抽出护筒成桩→处理桩头。钢筋混凝土灌注桩施工，如图6-8所示。

沉入灌注桩钢筋笼

浇筑灌注桩混凝土

图6-8　钢筋混凝土灌注桩施工

（7）钢管桩基础：采用钢管作为桩体，采用桩机直接将钢管桩压入现场桩位上就地形成桩基基础。施工工艺：桩机安装→桩机移动到位→吊桩→插桩→锤击下沉→接桩→锤击至设计深度→内切钢管桩→压力灌浆。为防止打桩过程中对临桩及围墙造成较大位移和变位，并使施工方便，一般采用先打中间后打外围（或先打中间后打两侧）。这样有利于减少挤土，满足设计对打桩入土深度的要求。

2. 固定式塔机基础设计

（1）塔机基础设计应依据三个要素，一是根据地质勘察报告确认的塔机安装位置的地质条件及地基承载能力；二是该"塔机使用说明书"规定的地基承载力要求；三是国家或行业对塔机基础的规范要求。

（2）塔机基础设计应满足三个条件，一是垂直荷载，塔机作用在基础顶面上的垂直力和基础的重力；二是塔机作用在基础顶面上的水平力；三是塔机作用在基础顶面上的弯矩。

（3）塔机基础设计应考虑两个环节，一是塔式起重机的自重和压重，以保持塔机稳定性；二是风荷载、吊载和惯性力，以保持塔机抗倾覆能力。

（4）塔机的基础设计应满足以下要求：

1）塔机的稳定性：塔机稳定性系数应考虑塔机的自重、基础重和平衡重所产生的保持塔机稳定作用的力矩，稳定性系数随着工况的变化而变化，稳定性系数越大表示塔机的稳定性越好。

2）基础的强度要求：塔机基础应具有足够的强度，即能够承受塔机各种工况下作用于基础上的垂直力、水平力及倾覆力矩，设计塔机基础时需要验算地脚螺栓、埋入基础内预埋铁件的强度及在基础内的锚固力等。

3）地基均匀沉降要求：塔机基础在长时间的使用过程中所受的荷载一直在不断变化，如果地基不均匀沉降可导致塔机垂直度偏差增大，影响塔机的稳定性，设计时应考虑实地勘探和基础处理情况确定基础沉降均匀度，满足塔机在各种不利工况下的稳定、可靠性。

（5）地基承载力计算：

1）塔机在独立状态时，作用于基础的荷载应包括：塔机作用于基础顶的竖向荷载标准值（F_k），水平荷载标准值（F_{vk}），倾覆力矩（包括塔机自重、起重荷载、风荷载等引起的力矩）荷载标准值（M_k），扭矩荷载标准值（T_k），以及基础及其上土的自重荷载标准值（G_k）。塔机地基载荷，如图6-9所示。

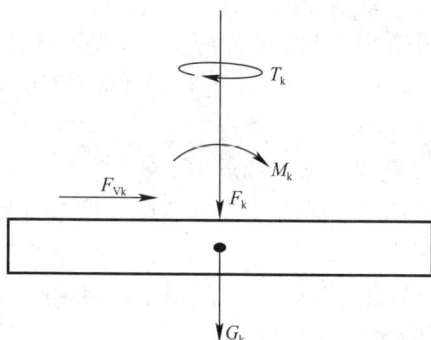

图6-9　塔机地基载荷

2）矩形基础地基承载力计算应符合现行国家标准《建筑地基基础设计规范》GB 50007的规定。矩形基础地基承载力计算应符合下列规定：

基础底面压力应符合下列公式要求：

① 当轴心荷载作用时：

$$p_k \leqslant f_a \tag{6-1}$$

式中　p_k——相应于荷载效应标准组合时，基础底面处的平均压力值；

f_a——修正后的地基承载力特征值。

② 当偏心荷载作用时，除符合式（6-1）的要求外，尚应符合下式要求：

$$p_{kmax} \leqslant 1.2f_a \tag{6-2}$$

式中 p_{kmax}——相应于荷载效应标准组合时，基础底面边缘的
最大压力值。

3）当塔机基础为十字形时，可采用简化计算法，即倾覆力
矩标准值（M_k）、水平荷载标准值（F_{vk}）仅由其中一条形基础
承载，竖向荷载仍由全部基础承载。竖向荷载标准值（F_k 和
G_k）应由全部基础承载。矩形板式和十字形基础各有优缺点，
应因地制宜地选用。

4）方形基础和底面边长比小于或等于 1.1 的矩形基础应按
双向偏心受压作用验算地基承载力，塔机倾覆力矩的作用方向
应取基础对角线方向，基础底面的压力应按计算公式要求。

5）基础底面允许部分脱开地基土的面积不应大于底面全面
积的 1/4。

（6）地基稳定性计算

1）当塔机基础底标高接近边坡坡底或基坑底部，并应符
合：①a 不小于 2.0m，c 不大于 1.0m，f_{ak} 不小于 130kN/m^2，
且地基持力层下无软弱下卧层的要求；②采用桩基基础的，可
不作地基稳定性验算。如图 6-10 所示。

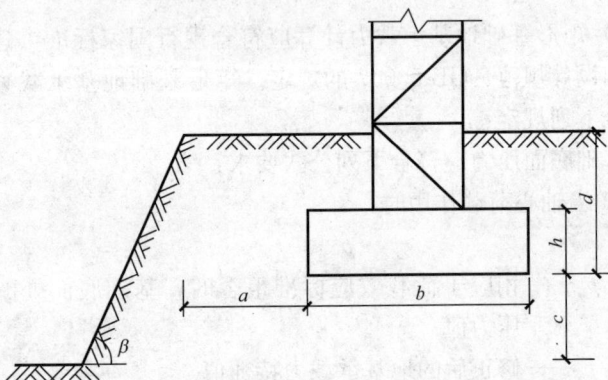

图 6-10 基础位于边坡示意

a——基础底面外边缘线至坡顶的水平距离；b——垂直于坡顶边缘线的基础底面边长；
c——基础底面至坡（坑）底的竖向距离；d——基础埋置深度；$β$——边坡坡角

2）处于边坡内且不符合上述规定的塔机基础，应根据地区经验采用圆弧滑动面方法进行边坡的稳定性分析。

（三）板式和十字形基础

1. 一般规定

（1）混凝土基础的形式构造应根据塔机制造商提供的"塔机使用说明书"及现场工程地质等要求，选用板式基础或十字形式基础。

（2）确定基础底面尺寸和计算基础强度时，基底压力应符合《塔式起重机混凝土基础工程规程》JGJ/T 187 第 4 章地基计算的规定；基础配筋应按受弯构件计算确定。

（3）基础埋置深度的确定应综合考虑工程地质、塔机的荷载大小和相邻环境条件及地基土冻胀影响等因素。

2. 构造要求

（1）基础高度应满足塔机预埋件的抗拔要求，且不宜小于1000mm，不宜采用坡形或台阶形截面的基础。

（2）基础的混凝土强度等级不应低于C30，垫层混凝土强度等级不应低于 C10，混凝土垫层厚度不宜小于 100mm。

（3）板式基础在基础表层和底层配置直径不应小于 12mm、间距不应大于 200mm 的钢筋，且上、下层主筋应用间距不大于500mm 的竖向构造钢筋连接；十字形基础主筋应按梁式配筋，主筋直径不应小于 12mm，箍筋直径不应小于 8mm 且间距不应大于 200mm，侧向构造纵筋的直径不应小于 10mm 且间距不应大于 200mm。板式和十字形基础架立筋的截面积不宜小于受力筋截面积的一半。

（4）预埋于基础中的塔机基础节锚栓或预埋节，应符合塔机制造商提供的《塔机使用说明书》规定的构造要求，并应有支盘式锚固措施。

(四) 组合式塔机基础

1. 一般规定

(1) 当塔机安装于地下室基坑中时，根据地下室结构设计、围护结构的布置和工程地质条件及施工方便的原则，塔机基础可设置于地下室底板下、顶板上或底板至顶板之间。

(2) 组合式基础可由混凝土承台或型钢平台、格构式钢柱或钢管柱及灌注桩或钢管桩等组成。型钢平台组合式基础，如图 6-11 所示。无平台组合式基础，如图 6-12 所示。

图 6-11　型钢平台组合式基础　　图 6-12　无平台组合式基础

(3) 混凝土承台、基桩应按《建筑桩基技术规范》JGJ 94 的规定进行设计。

(4) 型钢平台的设计应符合现行国家标准《钢结构设计规范》GB 50017 的有关规定，由厚钢板和型钢主次梁焊接或螺栓连接而成，型钢主梁应连接于格构式钢柱，宜采用焊接连接。

(5) 塔机在地下室中的基桩宜避开底板的基础梁、承台及后浇带或加强带。

（6）随着基坑土方的分层开挖，应在格构式钢柱外侧四周及时设置型钢支撑，将各格构式钢柱连接为整体，型钢支撑的截面积不宜小于格构式钢柱分肢的截面积，与钢柱分肢及缀件的连接焊缝厚度不宜小于 6mm，绕角焊缝长度不宜小于200mm。当格构式钢柱的计算长度（H_0）超过 8m 时，宜设置水平型钢剪刀撑，剪刀撑的竖向间距不宜超过 6m，其构造要求同竖向型钢支撑。组合式塔机基础立面，如图 6-13 所示。

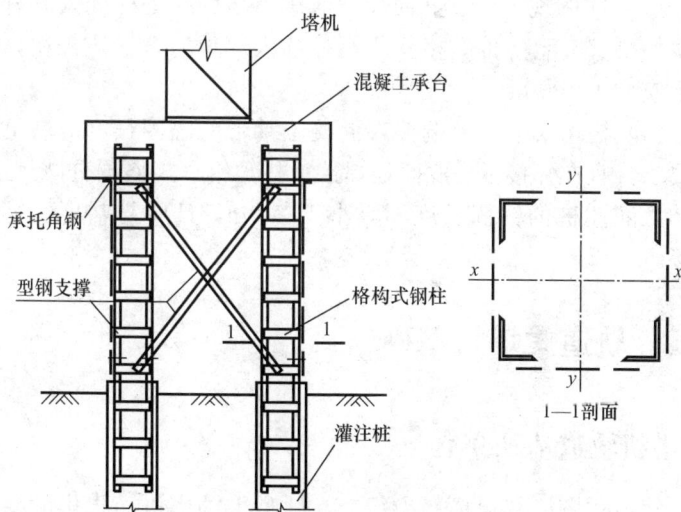

图 6-13　组合式塔机基础立面示意

2. 基础构造

（1）混凝土承台构造应符合现行行业标准《建筑桩基技术规范》JGJ 94 和"塔机使用说明书"的规定，并应符合本节第6.3.2 条"板式和十字形基础构造要求"和本节第 6.3.4 条"基桩构造要求"的规定。

（2）格构式钢柱的布置应与下端的基桩轴线重合且宜采用

焊接四肢组合式对称构件，截面轮廓尺寸不宜小于 400mm×4mm，分肢宜采用等边角钢，且不宜小于 1.90mm×8mm；缀件宜采用缀板式，也可采用缀条（角钢）式。格构式钢柱伸入承台的长度不宜低于承台厚度的中心。格构式钢柱的构造应符合现行国家标准《钢结构设计规程》GB 50017 的规定，其中缀件的构造应符合《塔式起重机混凝土基础工程技术规程》JGJ/T 187 中附录 B 的规定。

（3）灌注桩的构造应符合现行行业标准《建筑桩基技术规程》JGJ 94 的规定，其截面尺寸应满足格构式钢柱插入基桩钢筋笼的要求。灌注桩在格构式钢柱插入部位的箍筋应加密，间距不应大于 100mm。

（4）格构式钢柱上端伸入混凝土承台的锚固长度应满足抗拔要求，宜在邻接承台底面处焊接承托角钢（规格同分肢），下端伸入灌注桩的锚固长度不宜小于 2.0m，且应与基桩的纵筋焊接。

（五）轨道式塔机基础

1. 塔机轨道基础分类

轨道式塔机基础是专为行走在轨道上的塔机而提供的一种基础。

2. 轨道铺设前的准备

轨道式塔机基础铺设前应了解现场情况，如路基周围的排水、建筑物体、暗沟、防空洞等，绘出建筑物与路基平面图，地基承压能力应符合"塔机使用说明书"的要求，若达不到设计要求时，应采取加固措施。轨道式塔机基础，如图 6-14 所示。

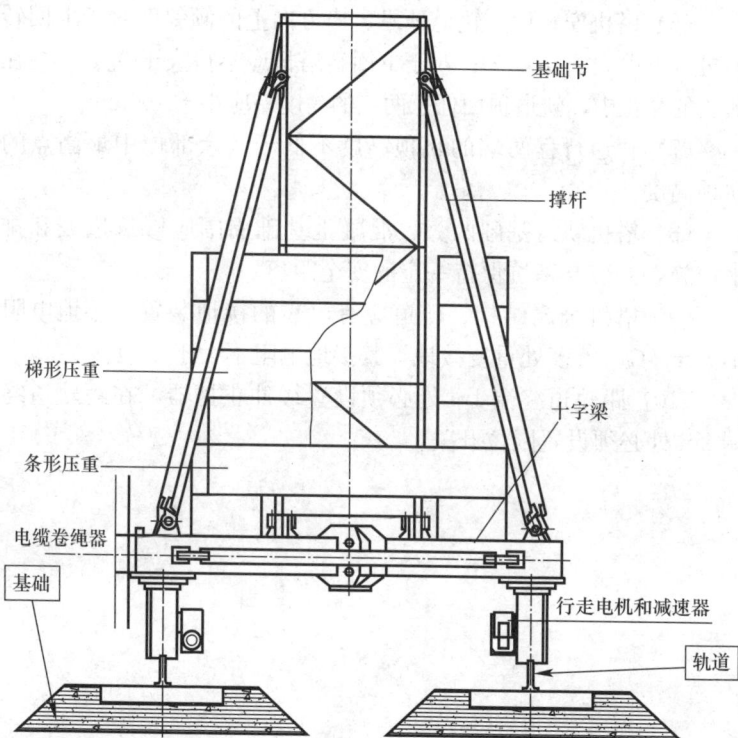

图 6-14　轨道式塔机基础

3. 轨道钢轨敷设

（1）塔机轨道应通过垫块与轨枕可靠连接，每间隔 6m 应设轨距拉杆一个，使用过程中轨道不得移动。

（2）钢轨接头处应有轨枕支撑，不得悬空。使用过程中轨道不得移动。

（3）轨距允许偏差为公称值的 1/1000，其绝对值不大于 6mm。

（4）钢轨接头处间隙不大于 4mm，与另一侧钢轨接头的错开距离不小于 1.5m，接头处两轨顶高度差不大于 2mm。

（5）塔机轨道安装后，应对轨道间隙地基承载能力进行检验，符合使用说明书规定的技术条件后，方可进行塔机安装。

（6）塔机安装后，轨道顶纵、横方向上的倾斜度对于上回转塔机应不得大于 3/1000；对于下回转塔机应不得大于 5/1000；在轨道的全程中，轨道顶面任意两点的高度差应小于 100mm。

（7）轨道行程两端的轨顶高度不低于其余部位中最高点的轨顶高度。

（8）塔机轨道基础两旁、混凝土基础周围应修筑边坡和排水设施，并应与基坑保持一定的安全距离。

（9）塔机金属结构、轨道应有可靠的接地装置，接地电阻不大于 4Ω。若多处重复接地，其接地电阻不大于 10Ω。

（10）距轨道终端 1m 处必须设置缓冲止挡器，在距轨道终端 2m 处必须设置限位开关。

七、塔式起重机安装施工技术

塔式起重机安装安全风险极大，安装过程稍有不慎，极易造成恶性事故，安装质量决定塔机使用的安全可靠性。因此，必须高度重视塔机安装这一高度危险性工作。塔机安装分为施工准备、安装、检验三个阶段。

（一）塔式起重机安装准备

塔机安装准备阶段是保证塔式起重机安装质量的重要条件，安装质量直接影响塔式起重机的安全运行，塔机安装准备阶段，包括对塔式起重机的进场验证、安装施工方案准备、塔机基础施工及验证、安装告知手续、起重设备准备、起重工机具准备、安装现场条件准备、安装前检查与确认等。

1. 安装前准备

（1）进场验证，包括实体和资料两个方面。塔式起重机进场后，安装前的实体检查验证，按本章表 7-1 执行。对塔机租赁单位提供的特种设备制造许可证、产品合格证、备案证明和塔机安装使用说明书，进行验证。

（2）安装施工方案，《危险性较大的分部分项工程安全管理办法》（建质［2009］87 号）的规定，塔机安装拆卸属于危险性较大的施工项目，安装前应当编制《塔机安装专项施工方案》和《塔机安装专项应急预案》。

（3）塔机基础施工及验证：安装前安装单位与塔机基础施工单位办理验证交接手续，对于塔机基础存在缺陷或影响后期附着装置的安装，应当明确双方后期处置的职责；塔机基础平整度应控制在 1/1000 以内，对于塔机基础平整度偏差超标的，应当明确采取纠正措施的责任单位；对于塔机基础混凝土强度达不到规定要求的，安装单位不得强行安装。

（4）履行安装告知手续：塔机使用单位在建筑起重机械首次安装前，应当持建筑起重机械特种设备制造许可证、产品合格证到本单位工商注册所在地县级以上地方人民政府建设主管部门办理备案（安装告知）。

（5）起重设备准备：根据专项方案确定的塔机安装辅助起重机，起重机的性能及吊装能力必须符合吊装要求；安装单位负责对其进行合法性和合规性验证，包括起重机的检验有效性、起重机性能的符合性、安全装置的可靠性、起重机保险认购的有效性；起重机司机驾驶证和安全操作证的有效性。安装 QTZ80 系列塔机，可选用一台 25～35t 汽车式起重机作为塔机安装主吊起重机，一台 16t 汽车式起重机作为塔机安装的辅助起重机。25t 汽车式起重机外形，如图 7-1 所示。

图 7-1　25t 汽车式起重机外形图

（6）起重工机具准备：塔机安装前应配备必要的起重工机具，包括：①起重设备：汽车式起重机、捯链、千斤顶等；②起重工具：各种起重钢丝绳、白棕绳、卸扣、绳卡、枕木等；③安装工具：活动扳手、梅花与开口扳手、扭力扳手、撬棍、榔头等；④调试仪器：经纬仪、水平仪、电阻测试仪、万用表等；⑤辅助器具：电工工具、警示标识、警戒设施等；⑥安全防护用品：工作服、安全带、安全帽、登高安全鞋。

（7）安装现场条件准备：包括起重机进场道路铺设与平整，清除障碍物；起重机站位的地基承载可靠性和回转半径的障碍清除；设置安全警戒绳和危险源告知牌，指定专人负责。

（8）安装前检查与确认：塔机安装前，安装单位技术负责人应对塔机安装作业人员进行安装专项施工方案交底；安全监管人员应对安装人员进行危险源告知及紧急避险保护交底；质量员应当对安装的螺栓及销进行浸油除锈处理，塔机安装的混凝土基础平整度纠偏后的验证确认；明确起重吊装的信号指挥人员。

2. 安装前检查与确认

安装前检查、确认是指对即将安装的塔机实体状况进行安全性的检查与确认，检查、确认由施工项目总承包单位组织塔机使用单位、塔机安装单位、监理单位的技术、施工、安全管理人员参加，对检查中发现的缺陷应进行维修消缺，确认其符合安全要求后方准进行安装，检查确认可依照表 7-1进行。

塔式起重机安装前检查、确认表　　　　表 7-1

工程名称			工程地址	
设备编号			塔机型号	
生产厂家			安装高度	
序号	项目	要求		检查记录
1	基础、路基	基础隐蔽工程验收资料齐全、有效		
2	金属结构	钢结构齐全、无变形、开焊、裂纹现象，结构表面无严重锈蚀，油漆无大面积脱落		
3	传动机构	减速机、卷扬机、制动器、回转机构部件齐全、工作正常		
4	钢丝绳	完好、无断股，断丝不超过规范要求		
5	吊钩	无裂纹、变形、严重磨损，钩身无补焊、钻孔现象		
6	钢丝绳绳夹	绳夹、楔块固结正确		
7	滑轮	外形完好，无裂纹、破损，轮槽是否有不均匀磨损；转动灵活，尺寸符合要求；防脱绳装置符合要求		

序号	项目	要求	检查记录
8	液压系统	油缸及泵站有无渗漏，油箱油量、油质符合要求，各阀门、油管、接头完好，油路无泄漏、阻塞现象	
9	电气系统	配电箱、电缆无破损，控制开关等电器元件无损坏、丢失	
10	安全装置	齐全、可靠、有效、完好	
11	连接紧固件	连接紧固件规格正确、数量齐全，没有锈蚀和损坏	
12	润滑	变速箱润滑油量、油质符合要求；各润滑点油嘴、油杯齐全、完好，润滑到位	

自检结论：

自检人员： 单位或项目技术负责人：

年 月 日

（二）塔式起重机安装施工

经过检查、确认安装的塔机无误后，进入塔机安装阶段。本节选择某制造商生产的 QTZ80（ZJ5710）塔式起重机为主要实例加以说明。该塔机为水平臂、小车变幅、上回转、自升式，最大工作幅度 57m，最大起重力矩 95.4t·m，最大起重量 7t，独立起升高度为 40.5m，在独立基础上附着后，增加塔身标准节和附墙架可实现最大起升高度 170m，特殊要求可加高至 220m。

1. 安装工艺（包括试运行阶段）

①安装底架和基础节→②安装加强节和标准节→③安装顶升套架→④安装回转支承总成→⑤安装塔帽→⑥安装平衡臂及

拉杆→⑦安装起重臂及拉杆→⑧连接电气装置并穿绕钢丝绳→⑨配装剩余平衡重→⑩塔机顶升→⑪整机调试→⑫安装单位自检。

2. 安装步骤

（1）底架和基础节安装

1）安装底架：塔机底架为黑色，塔机底架与基础预埋件对应安装，预埋螺栓设置在混凝土之中。将底架吊起置于混凝土基础上，逐一对应预埋螺栓后，采用螺母将固定底架固定于基础上，螺母之下与底架接触部位应加设平垫，螺栓应对角拧紧，拧紧分为预拧紧和终拧紧两次。塔机底架安装，如图7-2所示。

2）安装基础节：塔机基础节为黑色，或与标准节颜色一致，将基础节吊起与已经安

图7-2 塔机底座安装

装的独立底架对应，采用10.9级M30高强螺栓预拧紧，第一次拧紧螺母后，使用水准仪检测四个支点平整度，其偏差小于1.5mm，如有偏差，应采用钢板在基础与底架之间加设找平，找平要稳固、紧密，不得有松动，禁止使用砂浆或木板的方法找平。调整完毕后再次拧紧螺母，每个螺栓必须用双螺母安装紧固，螺栓扭矩应当符合说明书规定，且螺母上方应保持一个螺母的高度。安装时，必须将基础节上的踏步一面与建筑物垂直。塔机基础节安装，如图7-3所示。

3）带支撑杆的基础节安装：QTZ80型塔机有的基础节还带有支撑杆，支撑杆为四根，支撑杆上部围绕基础节的立柱附着安装，下部设置在底架外缘部位安装，下部螺栓与底座连接，上部连接位置为可上下调节的夹板，以便对应安装，上部固定

在基础节的立柱外缘。安装时，先将四根支撑杆与底座下部固定位置逐一对应，使用螺栓预拧紧；再将四根支撑杆与基础节上部的夹板逐一对应安装，使用螺栓预拧紧；使用经纬仪测量基础节的垂直度，无误后将所有螺栓终拧紧。带有支撑杆的基础节安装，如图 7-4 所示。

图 7-3 塔机基础节安装

图 7-4 带有支撑杆的基础节安装

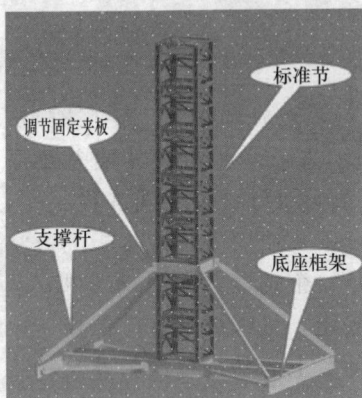

图 7-5 后置式底架框架安装

由于塔机安装较高，特别是安装地下室负三层的部位，塔机使用时间又长，为防止塔机底座部位失稳，采取后置式底架框架，对塔机基础节加以稳固。后置式底架框架安装，如图 7-5 所示。

(2) 安装标准节

1) 安装第一标准节：将第一标准节吊起安装在基础节上，采用 10.9 级 M27 的高强度螺栓，将其逐一自上而下插入标准节与底座之间的螺栓孔内；每根高强螺栓均应分别植入两个平垫圈和两个螺母，依次对角预拧紧高强螺栓；注意：标准节上的爬升架顶升油缸的侧面与基础节有踏步的侧面置于同一面。标准节与底座安装，如图 7-6 所示。

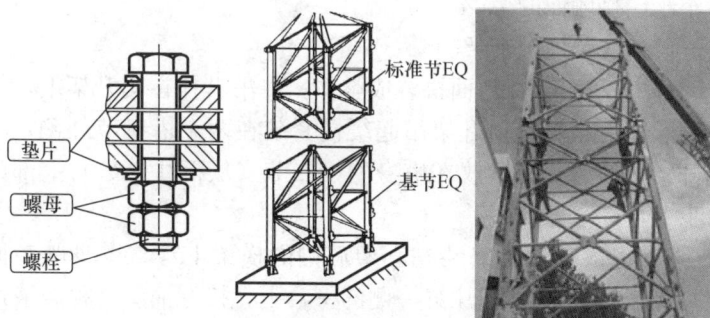

图 7-6　标准节与底座安装示意

2）按上述安装方法，在基础节之上，安装第二节加强节、第三、四节标准节；所有高强螺栓分为两次拧紧，不得一次性拧紧到位。

3）片式标准节由四榀独立的型钢架组成，四榀型钢架通过铰制孔螺栓连接在一起组成一个标准节，该标准节运输方便，安装快捷，由于连接无螺栓，采用鱼尾板插销式连接固定，避免了标准节高强螺栓可能出现松动现象。鱼尾板插销式连接，如图 7-7 所示。

图 7-7　鱼尾板插销式连接图

4）标准节安装主肢结合处外表面阶差不得大于 2mm。对于采用螺栓连接的标准节，螺栓按规定紧固后主肢端面接触面积不小于应接触面的 70%。

（3）安装顶升套架

1）先将套架在地面拼装成整体，将吊具挂在爬升架上，拉紧钢丝绳吊起，将顶升架吊起缓慢套装在两个塔身节外侧，将爬升架上的活动爬爪放在塔身的第二节（从下往上数）上部的踏步上。

2）将顶升油缸安装在套架后侧的横梁上（与塔身踏步同侧），液压泵安置在液压缸一侧的平台上，接好油管，检查液压系统的运转情况。

3）将套架上的踏步顶杆（亦称爬爪）放在由下往上数第四对踏步上，将套架内侧顶升导轮安装就位，安装套架的横梁与踏步。顶升套架安装，如图 7-8 所示。

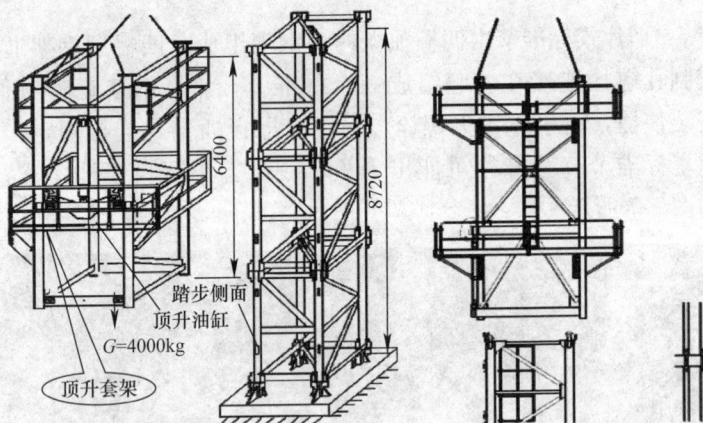

图 7-8 顶升套架安装

4）安装时顶升油缸的位置必须与塔身踏步同侧，完成顶升套架及顶升油缸安装（图中顶升套架尺寸仅作参考，具体因塔机型号而定）。

（4）安装回转支撑总成

回转总成包括上下支座、回转支承、驾驶室、回转驱动共四个部分。安装步骤如下：

1）下支座下部分别与塔身节和爬升架相连，上部与回转支承通过高强螺栓连接。

2）上支座一侧安装回转机构的法兰盘及平台，另一侧安装工作平台和司机室连接的支耳，前方安装回转限位器的支座。

3）将吊具挂在上支座连接套的下方，下支座的八个连接套对准标准节四根主弦杆的八个连接套缓慢落下，将回转支承总成放在塔身顶部。

4）下支座正中的斜撑杆方向与塔身标准节装爬梯斜撑杆方向一致，保证人员通行方便；下支座与套架连接时，应对好四角的标记，短引进板方向对着标准节引进方向。

5）操作顶升系统，将液压油缸伸长至第二节标准节的下踏步上，将爬升架顶升至与下支座连接耳板接触，采用高强螺栓将套架与下支座连接牢固，每根螺栓和双螺母拧紧防松。

6）缩回液压油缸，采用 10.9 级高强螺栓将下支座与标准节连接牢固，每根螺栓用双螺母拧紧防松。

7）司机室也可与回转支承总成组装在一起，作为整体一次性吊装，要求起重臂与平衡臂轴线方向平行于驾驶室且吊臂在驾驶室前方视野。回转支承总成安装，如图 7-9 所示。

（5）安装塔帽

塔帽上部为四棱锥形结构，顶部有平衡臂拉板架和起重臂拉板并设有工作平台，以便于安装各拉杆；塔帽上部设有起重钢丝绳导向滑轮和安装起重臂拉杆用的滑轮，塔帽后侧主弦下部设有力矩限制器并设有带护圈的扶梯通往塔帽顶部；塔帽下部为整体框架结构，中同部位焊有用于安装起重臂和平衡臂的耳板。通过销轴与起重臂、平衡臂相连。

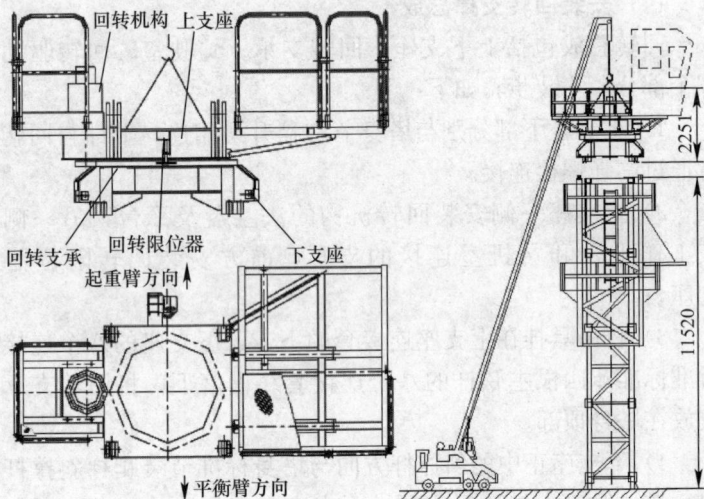

图 7-9　回转支承总成安装

1）吊装前在地面上先把塔帽上的平台、栏杆、扶梯及力矩限制器装好，为使安装平衡臂方便，可在塔帽的后侧左右两边各装上一根平衡臂拉杆。如图 7-10 所示。

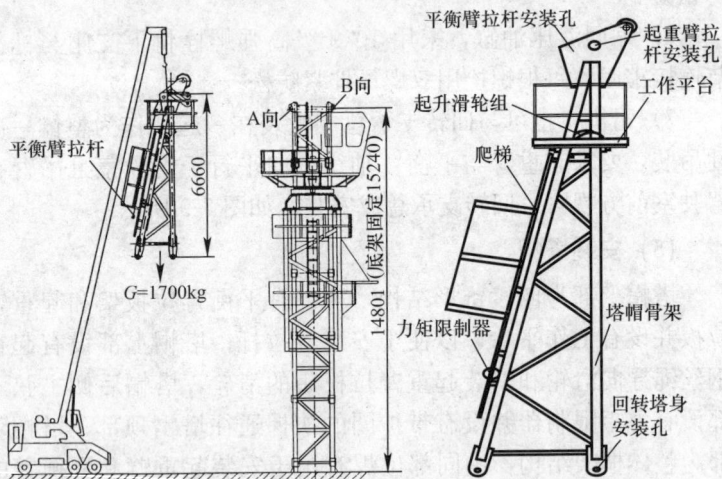

图 7-10　安装塔帽

2）将塔帽吊起放置在上支座上，塔帽垂直的一侧应对准上支座的起重臂方向，使用销轴将塔帽与上支座紧固，并使用开口销按规定锁紧。

3）在塔帽顶部的后侧左右两边各安装一根平衡臂拉杆，使用销轴连接，并使用开口销按规定锁紧。

4）在塔帽顶部的前侧左右两边各安装一根起重臂拉杆，使用销轴连接，并使用开口销按规定锁紧。

5）在塔帽规定的位置，按要求将力矩限制器安装就位。

（6）安装平衡臂及拉杆

1）平衡臂是槽钢及角钢组焊成的结构，平衡臂上设有栏杆、走道和工作平台，平衡臂的前端用两根销轴与塔帽连接，另一端则用两根组合刚性拉杆同塔帽连接，尾部装有平衡重、起升机构，电阻箱、电气控制箱布置在靠近塔帽的一节臂节上。

2）在地面组装好两节平衡臂，将起升机构、电控箱、电阻箱、平衡臂拉杆装在平衡臂上并固接好，回转机构接临时电源，将回转支承以上部分回转到便于安装平衡臂的方位；吊起平衡臂（平衡臂上设有 4 个安装吊耳）；使用销轴将平衡臂前端与塔帽固定连接好；平衡臂总成安装，如图 7-11 所示。

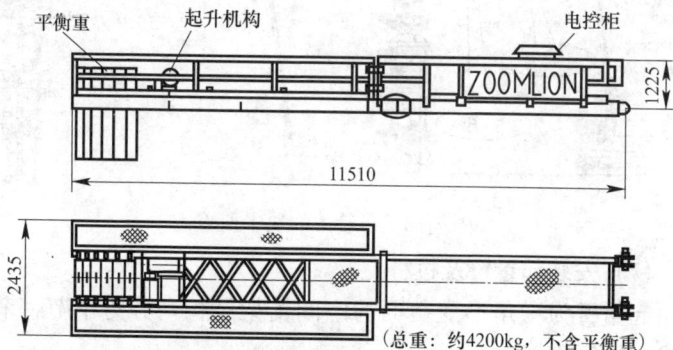

图 7-11　塔机平衡臂总成安装示意

3）将平衡臂逐渐抬高，便于平衡臂拉杆与塔帽上的平衡臂拉杆相连，用销轴连接，并穿好、充分张开开口销；吊装平衡臂，如图 7-12 所示。

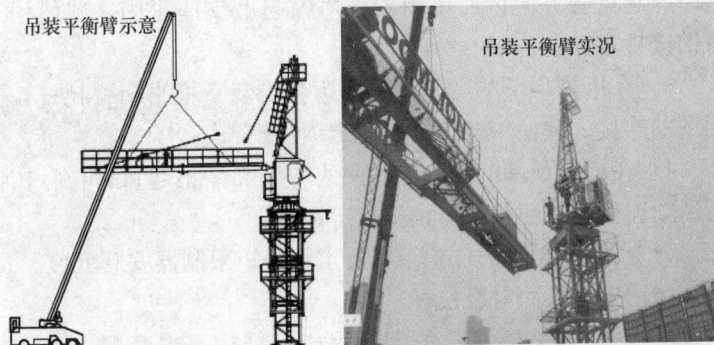

图 7-12　吊装平衡臂

4）缓慢地将平衡臂放下，再吊装一块平衡重安装在平衡臂最靠近起升机构的安装位置上，如图 7-13 所示。

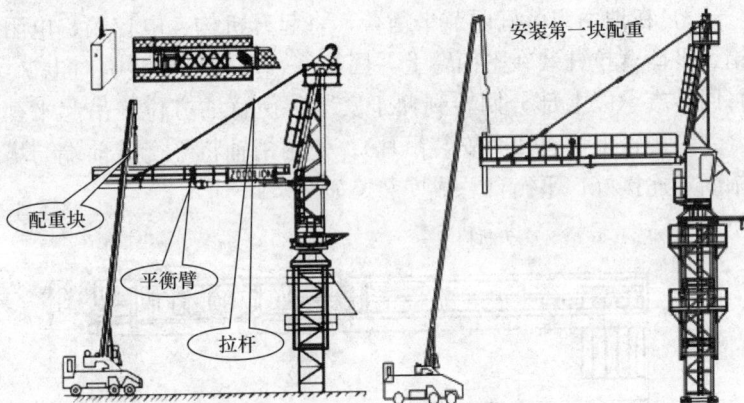

图 7-13　吊装第一块平衡重

（7）安装起重臂及拉杆

起重臂为三角形变截面的空间桁架结构，分为十节，节与节之间用销轴连接。

1）组对起重臂，在塔机附近平整场地设置数根枕木或支架，在枕木上将起重臂组装为一体，第一节根部与塔帽用销轴连接，在第二节、第七节上设有两个吊点，通过这两点用起重臂拉杆与塔帽连接；第二节中装有牵引机构，载重小车在牵引机构的牵引下，沿重臂下弦杆前后运行，载重小车一侧设有检修吊篮，便于塔机的安装与维修。组对起重臂及重心位置，如图 7-14 所示。

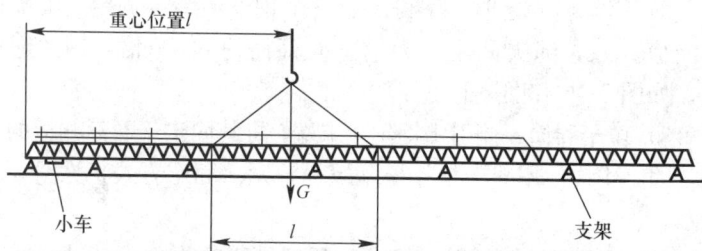

图 7-14　组对起重臂及重心位置示意

2）再将起重臂拉杆组装在起重臂上弦杆的支架上，用销轴将其连接起来，在销轴外侧正确安装开口销。起重臂组装时，必须严格按照每节臂上的序号标记组装，不允许错位或随意组装。组对起重臂并标识吊点重心位置。

3）安装起重臂，使用汽车式起重机将起重臂总成平稳提升离开地面 200mm 正常后，再缓慢吊起起重臂总成，提升时必须保持吊臂臂尖稍微抬起至套于回转塔身臂铰，使用销轴将其连接固定。调整长拉杆的高度位置，使得长拉杆的连接板也能够用销轴连接到塔顶的相应部位上。安装起重臂，如图 7-15 所示。

图 7-15　安装起重臂实况

(8) 连接电气装置和穿绕钢丝绳

1）起升钢丝绳的穿绕，按使用目的选择二倍率或四倍率，将起升钢丝绳从起升机构的卷筒引出，经塔顶上部的导向滑轮，绕过臂架根部的起重量限制器滑轮，再引向小车滑轮与吊钩滑轮组穿绕，最后将绳头固定在臂架上。

2）钢丝绳固定时，不得少于三个钢丝绳绳夹固定，绳夹的方向应一致，绳夹间距应为钢丝绳直径的 6～7 倍。钢丝绳固定，如图 5-16 和图 5-17 所示。

3）位于卷筒一侧引出钢丝绳末端，将其固定于卷筒侧板的外侧，固定中应使用绳卡垫片压紧螺栓拧紧。固定方式，见图 5-18 所示。

4）张紧变幅钢丝绳：将小车开到吊臂的根部，转动小车上带有棘轮的卷筒，将牵引绳尽可能张紧。

5）安装电缆：①电缆线自上而下沿着套架外侧面引到套架下平台，注意避开液压油缸和引出标准节的方向；②电缆穿过上下支架中心，从下支架的下部引出至套架外侧，并采用绝缘扎带将其固定在套架上部横腹杆上；③随着塔身的增高，电缆线每 20m 固定一次，固定时应采用绝缘扎带固定在标准节外侧；④塔机顶升前，必须放松固定在标准节上和电缆盘的电缆；⑤电缆沿塔身固定时应有一定的松弛度，不得拉紧绷直；⑥剩余的电缆线应当盘在套架下平台上，沿着标准节外侧引到地面的电源装置上；⑦塔机动力电缆线从动力配电箱引出时，沿地面至塔机塔身应外加套管绝缘以防止磨损、防止漏电。塔机电缆外加护套及动力电缆固定，如图 7-16 所示。

6）接通电源：按照本机电气线路原理图和接线图及控制接线图，连接控制与动力电缆、制动器电缆、安全装置、接地装置、障碍灯、探照灯、风速仪等电路；送电之前对电气系统进行检查，符合要求后方可通电。安装在平衡臂上控制柜，如图 7-17 所示。

(9) 配装剩余平衡重

1）根据所使用的塔机起重臂长度和塔机使用说明书规定配备安装剩余的平衡重。

图 7-16 塔机电缆外加护套及动力电缆固定

2）平衡重安装好后，平衡重上的轴销应可靠设置在位于平衡臂的三角板上，并且销轴两端应超出三角板。

3）安装后的平衡重应加以锁定，使用销轴挡板一定要紧靠平衡重外表，同时注意销轴必须超过平衡臂上的定位板。安装塔机剩余配重块，如图 7-18 所示。

图 7-17　塔机电气控制柜

图 7-18　安装塔机剩余配重块

3. 顶升加节

(1) 顶升前的准备

1）检查塔机的所有连接是否符合规定，确认所有连接正确无误。

2）检查液压系统的油量和操作系统的灵敏度，液压系统试运行正常，确认其可靠无误。

3）检查顶升所需各部件是否完好并正常就位，如顶升套架与下支座销接正确；顶升横梁与液压油缸销接正确；引进梁安装正确。

4）清点待装标准节，将待装标准节放置在顶升位置排成一排，使塔机在整个顶升加节过程中尽可能不动用回转机构，以缩短顶升加节时间。

5）检查主电缆长度，应保证有足够使用长度。

6）将起重臂旋转至顶升套架的前方，平衡臂处于套架的后方（顶升油缸在套架后方）。

7）检查导轮滚轮与塔身的间隙是否适当，间隙可在 2～3mm 左右，8 个滚轮处的间隙应当一致，再拆除塔身和下支架之间的 8 个高强螺栓。

(2) 顶升施工工艺

顶升工艺：连接回转下支承与外套架→检查液压系统→找准顶升平衡点→顶升前锁定回转机构→调整外套架导向轮与标准节间隙→搁置顶升套架的爬爪、标准节踏步与顶升横梁→拆除回转下支承与标准节连接螺栓→顶升开始→引进标准节→紧固连接螺栓或插入销轴→加节完毕后油缸复原→拆除顶升液压线路及电气。

(3) 引进标准节

开启顶升机构将油顶支柱上升，顶起一定的空间，吊起一个标准节，挂到水平横梁上，将标准节推入，对齐标准节固定位置。标准节引入过程，如图 7-19 所示。

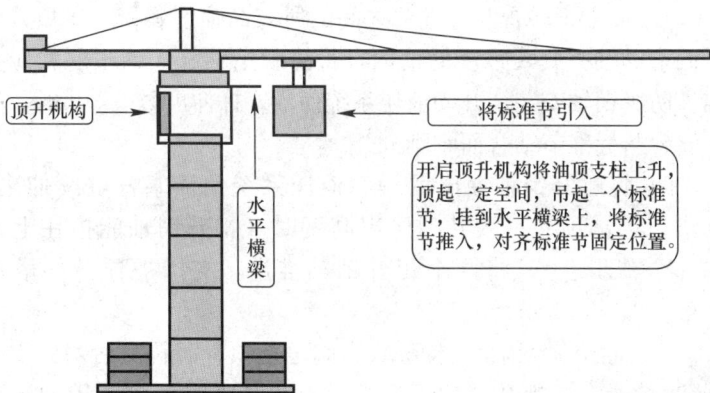

图 7-19　标准节引入过程示意

（4）顶升操作过程

1）将起重臂转至引进横梁（或引进平台）的正上方，并制动回转机构，保证起重臂不能回转；将待安装加节的标准节依次排在起重臂下。

2）调整爬升滚轮架导轮与塔身主弦杆间的间隙至 2～3mm，放松电缆长度，使之略大于总爬升高度。

3）调正平衡（配平），吊钩从起重臂根部向外走，同时观察套架前后方向的四个导轮与塔身间的间隙基本均匀（约 2mm）时变幅小车即停住（司机应记准此平衡点位置或对起重臂涂装平衡点标记）。利用标准节配平及引进标准节状态，如图 7-20 所示。

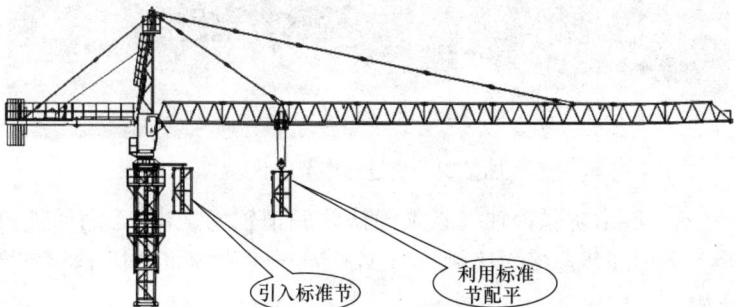

图 7-20　利用标准节配平及引进标准节状态示意

131

4）卸下下转台与标准节之间的所有高强度螺栓。将顶升横梁两端的轴头放入踏步的槽内，将防脱销轴旋入踏步的相应孔内，防脱销轴安装；开动液压系统使活塞杆伸出 20～30mm，使下转台与标准节结合面刚刚分开。

5）将爬升销轴抽出后操纵液压系统使活塞杆继续伸出，将塔机上部顶起；顶升到所需高度时（爬升销轴能担在上面的一个踏步上），将两个爬升销轴推进，支撑被顶升的塔机上部。

6）旋出防脱销轴，操纵换向阀停止顶升而转为活塞杆收缩（此时必须确认爬升销轴可靠地放在踏步上以及防脱销轴已旋出），将顶升横梁两端的轴头放在上面的一个踏步槽内，并将防脱销轴旋入踏步的相应孔内。

7）再次使油缸上伸（轴头离开踏步后马上将爬升销轴抽出）直到塔身上方恰好有能装入一个标准节的空间。

8）利用引进滚轮在外伸框架上的滚动，将标准节引至塔身的正上方，并对准所有螺栓孔。引进标准节的状态，如图 7-21 所示。

图 7-21　引进标准节的状态

9）旋出防脱销轴（必须确认防脱销轴已旋出），缩回油缸至上下标准节连接面接触，用 M27 高强度螺栓将两标准节连接牢固。

10）将引进吊钩拉至最外端，油缸继续缩回，使下转台落在新加的标准节上，在对角线上用螺栓连接牢固。

11）开动小车将第二个标准节挂在引进吊钩上，重复以上过程。

12）加入第二节后将下转台与塔身之间的所有连接螺栓拧紧，即完成一个标准节的加节工作。顶升加节过程，如图7-22所示。

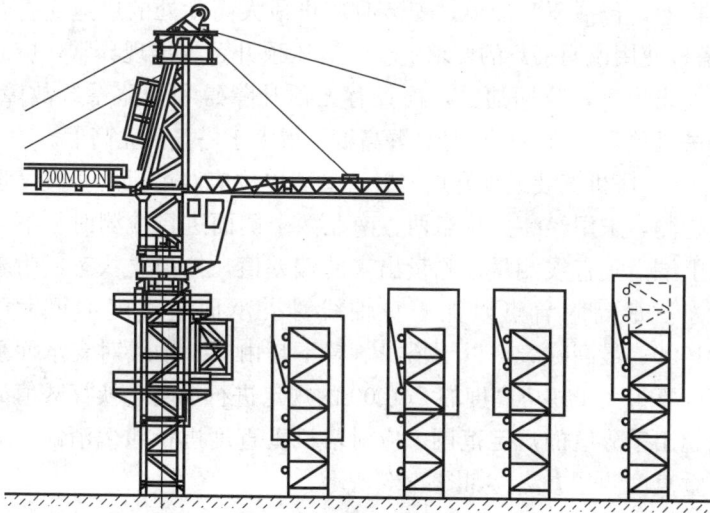

图 7-22 顶升加节过程

（5）塔式起重机升降作业时，应符合以下规定：

1）顶升加节升前：应对液压系统进行检查和试机，应在空载状态下将液压缸活塞杆伸缩 3～4 次，检查无误后，再将液压缸活塞杆通过顶升梁借助顶升套架的支撑，顶起载荷 100～150mm，停 10min，观察液压缸载荷是否有下滑现象。

2）升降作业时，应调整好顶升套架滚轮与塔身标准节的间隙，并应按规定要求使起重臂和平衡臂处于平衡状态，将回转机构制动。

3）塔机顶升加节结束后：①应按规定扭力紧固各连接螺栓，应将液压操纵杆扳到中间位置，并应切断液压升降机构电源；②应将标准节与回转下支座可靠连接；③附着装置的位置和支撑点的强度应符合要求；④应旋转臂架至不同的角度，检查塔身节各接头高强螺栓的拧紧情况，重点检查下支座与塔身连接螺栓的紧固情况；⑤将爬升架下降到塔身底部并加以固定，以降低整个塔机的重心和减少迎风面积；⑥将操作手柄置于零位。

4）顶升加节过程中应注意：①雨雪、浓雾天气严禁进行安装作业，包括顶升加节，安装时塔机最大高度处的风速应符合《塔机使用说明书》的要求；②若液压顶升系统出现异常，应立即停止顶升，收回油缸，检查有无顶升障碍和油路系统故障；③塔机顶升加节时，塔身悬臂高度不得大于塔身独立高度。

5）塔机安装或顶升加节后：安装单位应对塔机的垂直度进行检测，采用经纬仪从东西、南北两个侧面进行检测时从下端向上端沿垂直线测量，测量出来的偏差值，按独立状态或附着状态下最高附着点以上塔身轴线对支承面垂直度不得大于4/1000、最高附着点以下塔身（臂下自由端）轴线对支承面垂直度不得大于相应高度的2/1000的规定进行换算，换算数值如果超出千分值的规定范围，应对塔机垂直度进行纠偏消缺。塔机垂直度测量方法，如图7-23所示。

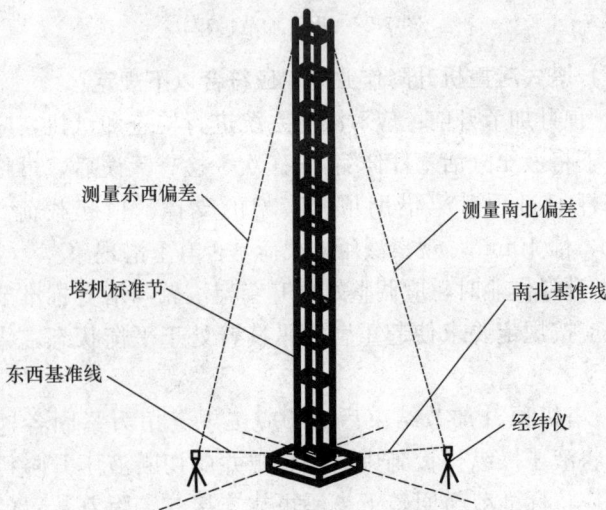

图 7-23　塔机垂直度测量方法

4. 附墙装置安装

（1）总体部署：当塔式起重机独立高度达到该机型使用说明书规定时，必须安装附墙装置（亦称附墙架）。

（2）附着间距：应当符合塔机使用说明书的规定。

（3）安装前检查：安装附墙装置前，应检查附着框架、附着撑杆、预埋件、连接件和塔式起重机状况，附墙装置预埋件基础的强度必须达到要求后，方可进行安装。

（4）吊装附着框架：利用塔机自身起重机构，将两个半框架套在标准节上，采用螺栓将两半框架连接与标准节箍紧，再通过撑杆扶持塔身，附着装置通过销轴将附着撑杆的一端与附着框架连接，另一端与固定在建筑物上的预埋件连接，形成稳固的依附结构体。

（5）吊装附着撑杆：利用塔机自身起重机构，将四条附墙撑杆吊装至附墙框架，插好连接销轴，将附着杆的两端分别与附着框和建筑物预埋件用销轴或螺栓连接固定。安装撑杆时，各撑杆应保持在同一平面内，水平偏差应不大于 10°。

（6）安装上人通道：利用塔机自身起重机构，将塔机作业人员登机通道吊起，一端安装在塔机标上，另一端安装在建筑物通道口，并将其固定，此通道随着附墙架的升高而升高，以缩短作业人员登机距离。塔机作业人员登机通道，如图 7-24 所示。

登机上下通道

图 7-24 塔机作业人员登机通道

（7）调整附着撑杆：调节附着撑杆的调节螺钉，使附着杆达到适宜的长度，以确保塔式起重机垂直度，调整时必须随时测量塔式起重机垂直度。如图 7-25 所示。

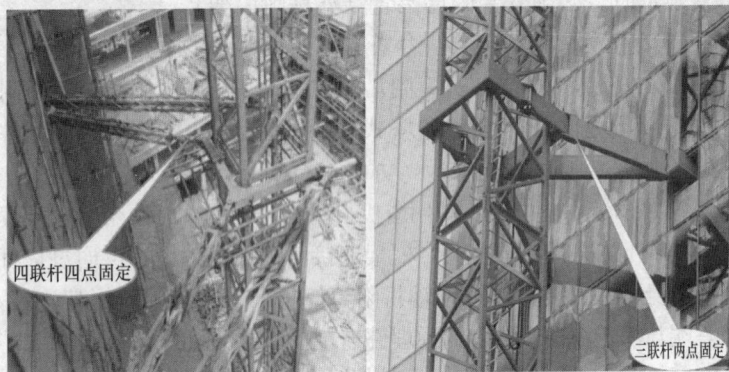

四联杆四点固定

三联杆两点固定

图 7-25　附着装置总装配示意

（三）主要部件安装要求

在塔机安全事故中因塔机销轴脱落、高强度螺栓连接等安装缺陷造成的事故占有一定的比例，因此必须在塔机安装中重视销轴连接及其销轴与挡板固定。

1. 销轴连接

在塔式起重机的起重臂、平衡臂上都通过销轴连接及其销轴与挡板固定。

（1）销轴连接与开口销固定必须可靠：销轴连接与开口销固定应避免以下缺陷，防止销轴窜出：①销轴端未安装开口销；②开口销未开口或开口度不够；③开口销以小代大；④采用钢丝、焊条等代替开口销；⑤开口销锈蚀严重。

（2）销轴与挡板固定必须可靠。在销轴固定轴端挡板安装中一旦发现连接螺栓有损坏或螺栓孔脱扣时一定要修复后才能继续安装。②应避免销轴已安装到位，再继续锤击，使焊缝受损。避免销轴偏转，防止轴端撞击轴端挡板，使焊缝产生裂纹。起重臂销轴安装示意，如图7-26所示。

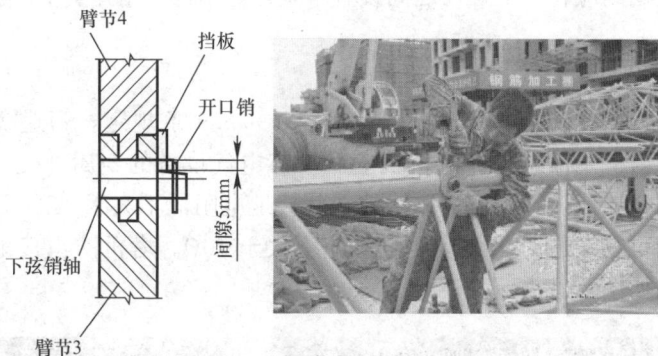

图 7-26　起重臂销轴安装示意

2. 高强螺栓固定

（1）高强螺栓等级与扭矩必须保证：高强螺栓的连接形式分为摩擦型和承压型，塔机一般采用摩擦型，因此必须符合塔机使用说明书规定的预紧力和扭矩值。

（2）安装塔身前先对高强螺栓进行全面检查，核对其规格、等级标志，确认无误后在螺母支承面及螺纹部分涂上少量润滑油以降低摩擦系数，保证预紧力和扭矩值。

（3）8.8级及以上等级的高强螺栓不得采用弹垫防松，必须使用平垫圈，塔机高强螺栓必须采用双螺母锁紧，防止松动。

（4）高强螺栓穿插方向有两种，一种是将螺栓自上而下穿插，另一种是自下而上穿插，其受力状况相同。

（5）高强螺栓安装时必须按照使用说明书规定的等级配备，必须使用扭力扳手复核高强螺栓的扭矩，保证高强螺栓预紧力。

（6）高强螺栓安装必须满足以下要求：

①螺栓孔端面应平整；②清除连接结合面金属切屑物、污

泥、油漆、锈蚀等影响平整度的污物；③螺纹及螺母端面等处安装前需涂抹黄油；④高强螺栓不得一次性拧紧，应分两至三次拧紧；⑤高强螺栓安装应对角紧固，避免偏角紧固；⑥高强螺栓之间应在上下螺母之间设置平垫片，不得使用弹簧垫片。

3. 防雷接地装置安装

《塔式起重机》GB/T 2008 第 5.5.5.9 条规定，为避免雷击，塔机主体结构、电机机座和所有电气设备的金属外壳、导线的金属保护管均应可靠接地，其接地电阻应不大于 4Ω。采用多处重复接地时，其接地电阻应不大于 10Ω。塔机防雷接地装置，如图 7-27 所示。

图 7-27　塔机防雷接地装置

（四）安全装置调试

塔机安装完毕后应按照使用说明书规定调试各种安全装置，以确保安全装置性能。

1. 起升高度限位器调试

（1）调整在空载下进行，分别压下微动开关（1WK、2WK），确认该两挡起升限位微动开关是否灵敏、可靠。如图 7-28所示。

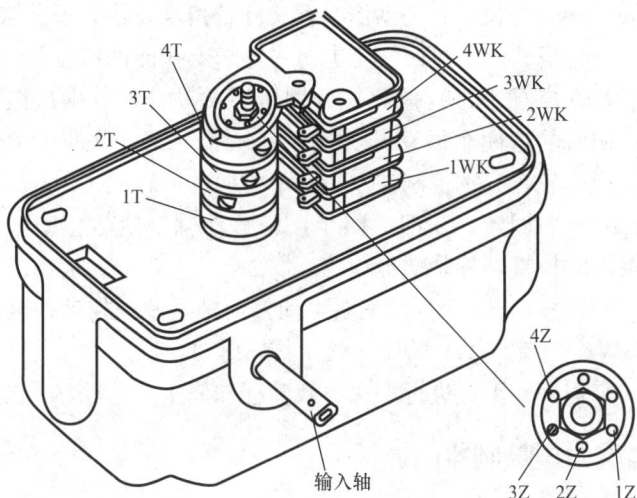

图 7-28　起升高度限位器调试示意

1T、2T、3T、4T—凸轮；1WK、2WK、3WK、4WK—微动开关；

1Z、2Z、3Z、4Z—调整轴

（2）当压下与凸轮相对应的微动开关 2WK 时，快速上升工作挡电源被切断，起重吊钩只可低速上升；当压下与凸轮相对应的微动开关 1WK 时，上升工作挡电源均被切断，起重吊钩只可下降不可上升。

（3）将起重吊钩提升，使其顶部至小车底部垂直距离为 1.3m 时，调整轴，使凸轮动作至微动开关 2WK 瞬时换接，拧紧螺母。

（4）以低速将起重吊钩提升，使其顶部至小车底部垂直距离为 1m（2 倍率）或 0.8m（4 倍率）时，调整轴，使凸轮动作至微动开关 1WK 瞬时换接，拧紧螺母。

（5）对两挡高度限位进行多次空载验证和修正。

（6）当起重吊钩滑轮组倍率变换时，高度限位器应重新调整。

2. 回转限位器的调试方法

（1）对回转处不设集电器供电的塔机，应设置正反两个方向的回转限位开关，开关动作时臂架旋转角度应不大于±540°。

（2）将塔式起重机回转至电源主电缆不扭曲的位置。

（3）在空载下进行调整，分别压下微动开关，确认控制向左向右回转的这两个微动开关是否灵敏、可靠。这两个微动开关均对应凸轮，分别控制在左右两个方向的回转限位。

（4）向右回转540°即一圈半，调整动轴，使凸轮动作至微动开关瞬时换接，拧紧螺母。

（5）向左回转1080°即三圈，调整动轴，使凸轮动作至微动开关3WK（或2WK）瞬时换接，拧紧螺母。

（6）对回转限位进行多次空载验证和修正。

3. 起重力矩限制器的调试

调试时，①吊钩采用4倍率，所吊重物离地，小车能够运行即可；②变幅小车以低挡运行，每次调整后，都要使塔机稳定下来，臂架不上下晃动时，再开动小车运行，进行下一次调整；③分别对臂架根部点、臂架中部点、臂架端部点进行调整，每次动作重复3次以检验其重复性能；④变幅调整时，应根据使用说明书定码列出的数值调整各定的吊重，以及报警和断电时的幅度，调整时应严格按规定的数值进行。

4. 起重量限制器的调试

（1）当起重量大于相应挡位的额定值并小于该额定值的110%时，应切断上升方向的电源，但机构可作下降方向的运动。具有多挡变速的起升机构，限制器应对各挡位具有防止超载的作用。

（2）小车变幅式塔式起重机重量限制器的调试：起重量限制器在塔机出厂前都已按照机型进行了调试及整定，塔机重新安装后与实际工况的载荷不符时需要重新调试，调试后要反复试吊重块三次以上，确保无误后方可进行作业。

（3）拉力环式起重量限制器的调试方法，如图7-29所示。

当起重吊钩为空载时，用小螺钉旋具，分别压下微动开关 5、6、7，确认各挡微动开关是否灵敏、可靠。

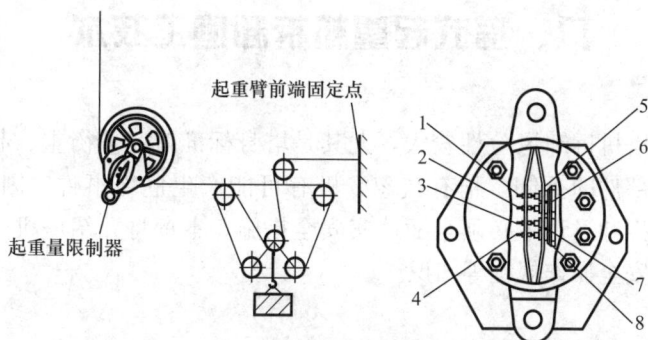

图 7-29　拉力环式起重量限制器调试示意

1、2、3、4—螺钉调整装置；5、6、7、8—微动开关

（4）微动开关 5 为高速挡重量限制开关，压下该开关，高速挡上升与下降的工作电源均被切断，且联动台上指示灯闪亮显示。

（5）微动开关 6 为 90％最大额定起重量限制开关，压下该开关，联动台上蜂鸣报警。

（6）微动开关 7 为最大额定起重量限制开关，压下该开关，低速挡上升的工作电源被切断，起重吊钩只可以低速下降，且联动台上指示灯闪亮显示。

（7）工作幅度小于 13m（即最大额定起重量所允许的幅度范围内），起重量 1500kg（2 倍率）或 3000kg（4 倍率），起吊重物离地 0.5m，调整螺钉 1 至使微动开关 5 瞬时换接，拧紧螺钉 1 上的紧固螺母。

（8）工作幅度小于 13m，起重量 2700kg（2 倍率）或 5400kg（4 倍率），起吊重物离地 0.5m，调整螺钉 2 至使微动开关 6 瞬时换接，拧紧螺钉 2 以上的紧固螺母。

八、塔式起重机拆卸施工技术

塔机拆卸风险性较大，尤其是塔身标准节、平衡重、起重臂等部件的拆卸，稍有疏忽，极有可能产生危害事件。因此，塔机拆卸过程中必须全面落实安全措施。本章将介绍塔机安装拆卸安全操作规程等知识。

(一) 塔式起重机拆卸技术

塔式起重机拆卸准备包括场地准备、吊装设备准备、拆卸技术准备、车辆运输准备等。

1. 技术准备

(1) 技术条件：《建筑施工塔式起重机安装、使用、拆卸安全技术规程》JGJ 196 规定，塔式起重机拆卸应当编制塔机拆卸专项方案，编制内容应符合本规程第 2.0.12 条的规定，专项方案必须符合审核和批准程序的要求，批准后的专项方案必须由施工技术人员向拆卸作业人员进行技术交底。

(2) 场地准备：了解拆卸场地的布局及土质情况，清理塔机基础周围的杂物并做好路面平整工作，清除或避开起重臂起落及半径内的障碍物，满足汽车式起重机站位条件和地基承载条件的要求；满足拆卸后塔机部件堆放或运输车辆进出条件；拆卸作业现场应设置安全警示标识和警示绳，委派专人进行看护，拆卸中起重臂和重物下方严禁有人停留或通过；作业区域安全措施和警示标志等。

(3) 人员准备：塔机拆卸单位必须明确现场负责人，负责人应始终在现场履行指挥协调职责。塔机拆卸作业人员、起重司索指挥人员和建筑电工必须持证上岗，必须按塔机拆卸技术交底规定的要求实施，拆卸吊运前必须明确起重指挥人员，作业时应与操作人员密切配合，执行规定的指挥信号或使用对讲机，并调整对讲机频率。

（4）设备准备：一台 25t 汽车式起重机为主吊，如果是场地狭小回转半径受限，必须选择其中能力较大的起重机以增加起重机回转半径。一台 16t 汽车式起重机辅吊，配合在起重臂端起吊。

（5）工机具准备：考虑塔机长期暴露在露天作业，日晒雨淋锈蚀难以避免，拆卸时往往会遇到不易拆卸情况，现场应准备氧气、乙炔、捯链、千斤顶、大锤以及辅助起吊吊具、索具、绳扣等常用工具等。

（6）车辆准备：准备一辆可以装载拆卸后的塔机零部件的运输车辆；并与运输单位签订运输合同，明确运输双方质量安全责任。

（7）塔机液压部件检查：拆卸前应仔细检查各机构，特别是液压顶升机构运转是否正常，各紧固部位螺栓是否齐全、完好，各销轴挡板是否齐全、完好，各主要受力部件是否完好，一切正常后方可进行拆卸。

（8）拆卸前应检查以下项目：主要结构件及连接件、电气系统、起升机构、回转机构、顶升机构、作业区域安全措施和警示标志等。发现问题的应及时修复后才能进行拆卸作业。

（9）了解气候条件：查看当地天气预报，如遇六级及以上大风或大雨、大雪等恶劣天气，不得从事塔机拆卸作业。如遇雨雪天气之后，应检查确认塔机主结构件无湿滑、制动器装置灵敏可靠后方可进行拆卸作业。

（10）准备现场照明：考虑塔机拆卸会出现不间断作业，应当提前落实足够的照明设施，以防光线不足影响持续拆卸施工。偏远地区应准备小型发电机作为备用照明设施。

2. 塔式起重机拆卸工艺

塔机的拆卸顺序是安装的逆向过程，即"自上而下，先装后拆，后装先拆"。

塔机拆卸工艺：本节选择某制造商生产的 QTZ80（ZJ5810）塔式起重机为实例加以说明。塔机拆卸工艺：降低塔身标准节→拆卸首道附着装置（之后依次逐道拆卸）→拆卸平衡重（保留两块）→拆卸起重臂→拆卸剩余平衡重→拆卸平衡臂→拆卸塔帽和驾驶室→拆卸回转机构及上下支座总成（包括拆卸电气装置和钢丝绳）→拆卸套架及工作平台→拆卸最后一道附着装置→拆卸剩余标准节→拆卸基础节及底座。如图 8-1 所示。

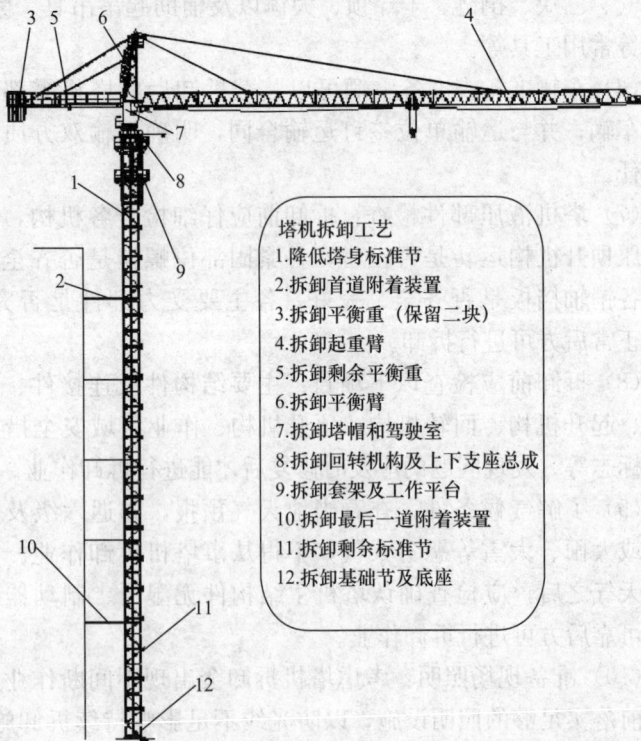

塔机拆卸工艺
1.降低塔身标准节
2.拆卸首道附着装置
3.拆卸平衡重（保留二块）
4.拆卸起重臂
5.拆卸剩余平衡重
6.拆卸平衡臂
7.拆卸塔帽和驾驶室
8.拆卸回转机构及上下支座总成
9.拆卸套架及工作平台
10.拆卸最后一道附着装置
11.拆卸剩余标准节
12.拆卸基础节及底座

图 8-1　塔机拆卸工艺示意

3. 塔式起重机标准节拆卸工艺

（1）降低、拆卸标准节工艺：①拆卸上端一标准节的上下螺栓→②启动液压系统提升爬升架踏步→③推出上端一标准节→④扳开活动爬爪→⑤下降爬升架→⑥将活动爬爪落在下一个踏步上→⑦将横梁顶在下一个踏步上→⑧将爬爪架稍微上升→⑨扳开活动爬爪→⑩下降爬升架→⑪紧固连接螺栓→⑫吊走标准节。

（2）降低、拆卸标准节施工方法：

1）将起重臂回转到标准节的引进方向，吊一节作平衡用的标准节使小车处于平衡位置，将上下转台插上销轴锁定。

2）启动液压系统，顶压油缸伸出全长的 90% 左右，将顶升横梁销轴落在从上往下数第二标准节的下踏步上（绝对不允许将顶升油缸放置在靠近油缸全缩状态附近的踏步上），并使顶升横梁两销轴在踏步的两端面的露出量基本相等。

3）拆卸下转台与标准节之间相连的高强螺栓，启动液压油缸，将外套架上升至标准节与下转台之间有 10～20mm 的间隙时停止顶压，检查套架的导轮与塔身主弦杆的间隙，如间隙均匀，则塔机上部处于平衡状态，顶压时要指定专人注意观察套架上端滚轮不准超出塔身节的主弦杆，不得顶冒。

4）拆卸标准节与标准节之间的高强螺栓，将标准节挂在引进梁的小钩上。

5）略顶升套架，利用引进装置将标准节拉出塔身。

6）回缩油缸，使套架下降，当下降约半个标准节时，由专人将套架上的卡子准确地落在标准节的踏步上。

7）再略回升油缸，将顶升横梁脱离踏步，再伸出油缸使顶升横梁落在下一个踏步的圆弧槽内。

8）回缩油缸，使套架下降，当下降约半个标准节时，下转台落在塔身上，对准连接套孔，穿上八个高强螺栓，拧紧螺母。操作液压系统下降塔身，如图 8-2 所示。

9）开动小车，放下作平衡用的标准节，再用吊钩将刚拆下的标准节从引进平台上吊出，将小车开到平衡位置，准备拆卸下一标准节。

10）如此重复以上的全部动作，直至将标准节拆至塔身的最低高度（4节）为止。拆卸塔机标准节过程，如图8-3所示。

图 8-2　操作液压系统下降塔身

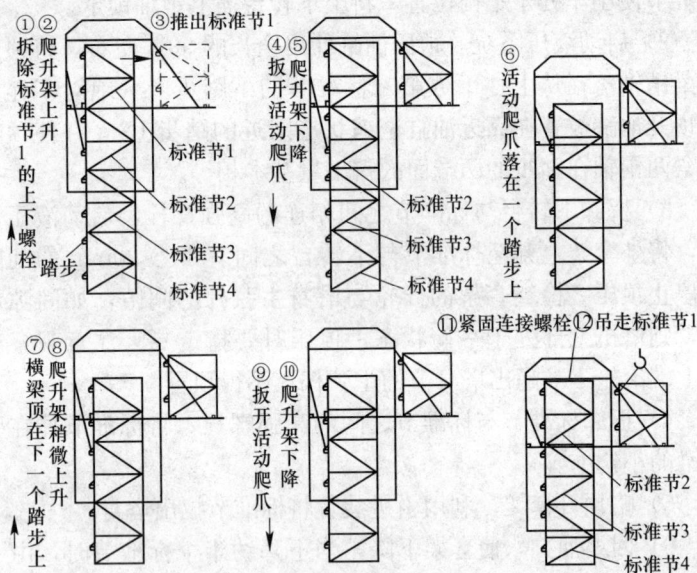

图 8-3　拆卸塔机标准节过程示意

（3）标准节拆卸注意事项：

将拆卸的标准节推到引进横梁的外端后，在顶升套架的下落过程中，当顶升套架上的活动的爬爪通过塔身标准节主弦杆踏步时，应派专人翻转活动爬爪，以便顶升套架能顺利地落到下一个标准节的顶端，并观察爬爪、踏步及受力构件有无异响、变形等异常情况，确认正常后把活塞杆全部收回。标准节拆卸作业应连续完成，当特殊情况下拆卸作业不能连续完成时，应明确允许中断时塔式起重机的状态和采取的安全防护措施。标准节推至引进横梁的外端，如图8-4所示。

图8-4　标准节推至引进横梁的外端状态

4. 拆卸附着装置

（1）使用钢管、跳板在附着筐下搭设操作平台，搭设时应将平台支撑好；采用依靠建筑物搭设临时走道法拆除时可直接将附墙支撑转移到建筑物内，再转移到地面。

（2）采用其他辅助起吊装置拆卸时，应先用吊绳固定好靠建筑物端的撑杆，然后退掉靠建筑物端的撑杆销；再用绳将塔身端撑杆固定好，退掉销子后缓慢放下支撑杆，让辅助起吊装置受力，用辅助起吊装置将支撑杆吊至地面。用同样的方法依次拆除各支撑杆。

（3）采用塔机自身能力拆卸时，当塔机标准节降至接近装置时，先用吊绳固定好靠建筑物端的撑杆，然后退掉靠建筑物端的撑杆销，再用绳将塔身端撑杆固定好，退掉销子后缓慢放下支撑杆，让塔机起吊受力，将支撑杆吊至地面。用同样的方法依次拆卸各支撑杆。

（4）拆除附着装置的外框架时应按以下步骤进行：

1）将附着外框架分解，配合液压顶升机构，将爬升框架移至附着框架位置。

2）配合液压顶升机构，将爬升框架降至附着框架位置。用8号钢丝配合木楔将附着框固定在爬升框架下端，固定附着框时不能影响降塔工作。

3）多次拆除，可继续将下一个附着框架固定在上一个附着框架上，随着降塔工作的进行，将附着框架降至拆塔高度，最后用作业起重机将附着框架吊下放至地面。

（5）附着装置拆卸应随标准节的降低，首道附着装置拆卸后依次逐道拆卸，严禁在降塔之前先拆卸附着装置。拆卸附着装置，如图8-5所示。

图8-5　拆卸附着装置

5. 拆卸平衡重

当塔机标准节和附着装置基本拆卸完毕后，此时可拆卸平衡臂上的平衡重。

（1）将小车固定在吊臂根部，将汽车式起重机就位到塔机附近，准备拆卸配重。

（2）拆开配重块的连板，按装配重的相反顺序，将各块配重依次卸下，保留两块平衡重不拆。

6. 拆卸起重臂

（1）拆卸起重臂应采取两台汽车式起重机协同作业，25t汽车式起重机将靠近臂根臂杆起吊，使起重臂上翘适当角度；16t汽车式起重机在起重臂的末端挂起吊具，辅助进行平衡。

（2）开动起升机构，收紧事先穿绕在塔帽滑轮组的起升钢丝绳，使塔帽的拉杆销轴不承受张拉力。

（3）从小车及吊臂将起升钢丝绳卸下，进行有序盘绕，防止与地面污物接触。

（4）将起重臂臂根两根销轴打掉后，两台汽车式起重机协同将起重臂轻轻提起，使位杆系统放松，拆掉连接销轴，拆卸起重臂拉杆，并固定在起重臂上弦上，拆卸起重臂根部的连接销轴，放下起重臂，并搁在垫有枕木的支座上。拆卸起重臂轴销，如图 8-6 所示。

图 8-6　拆卸起重臂轴销

7. 拆卸剩余平衡重和平衡臂

（1）拆卸平衡臂上剩余的两块配重。

（2）在平衡臂尾部系一根缆风绳，以控制平衡臂摆动。

（3）以平衡臂安装时的吊耳为吊点（做好标记处），将平衡臂上仰以便放松拉杆。

（4）将两根拉杆第一、二节间的连接销轴拆下，并将平衡臂上的两节拉杆用钢丝捆牢。

（5）将平衡臂放平，拆掉平衡臂（根部）与回转塔身的连接销轴，将平衡臂慢慢放在地面上或装车运离现场。

8. 拆卸塔帽和驾驶室

使用汽车式起重机将塔帽和驾驶室依次拆卸，平稳放在地面上或装车。

9. 拆卸上下支座总成（包括拆卸电气装置和钢丝绳）

（1）将爬升架的换步顶杆支承在塔身上，然后拆掉下支座与爬升架和塔身的连接部件，使用汽车式起重机先将上支座及回转总成吊起。

（2）切断塔机电源，拆卸电气装置；拆卸回转机构及上下支座总成；拆卸起升和变幅钢丝绳，分别绕卷平整放在无泥土地面上或直接装车。

10. 拆卸套架及剩余标准节

（1）将套架上活动爬爪放在上部的标准节上，吊住顶部标准节，将吊住的标准节与下面一节标准节之间的销轴抽出，吊起标准节，放至地面。

（2）将套架进行解体拆卸，缓缓地沿标准节主弦杆吊出放至地面，最后将油缸和剩余的塔身全部拆卸。

11. 拆卸基础节及底座

最后将剩余两个标准节及基础节和底座拆卸，装车运离现场。

12. 拆卸后塔机部件出场

（1）塔机拆散后由工程技术人员和专业维修人员进行检查，并登记造册。

（2）及时装车运输出施工现场，以保持现场的整洁，塔机拆卸后装车运输，如图8-7所示。

13. 塔机拆卸注意事项

图8-7　塔机拆卸后装车运输

（1）塔机拆拆程序必须坚持"自上而下，先装后拆，后装先拆"的原则。降节时应遵循先降节后拆除附着装置的原则。塔机的自由端高度应始终符合使用说明书的原则。

（2）拆卸自升式塔式起重机每次降节前，应检查顶升系统、附着装置连接等，确认完好后才能降节。

（3）拆卸使用的汽车式起重机应在地面加设路基箱或钢板，地基承载能力应满足承载力要求。

（4）塔机拆卸离不开攀登与悬空作业，高处作业应当悬挂安全带，塔机拆卸过程中，禁止将部件及工具从高处向下抛掷。

（5）自升式塔式起重机每次降节前，应检查顶升系统、附着装置连接等，确认完好后才能降节。塔式起重机的自由端高度应始终符合使用说明书的要求。

（6）拆卸完毕后，应拆除为塔式起重机拆卸作业需要而设置的所有临时设施，清理场地上作业时所用的吊索具、工具等各种零配件和杂物等。

（二）动臂式塔机臂杆扳起和放落

动臂式塔机起重机的安装拆卸技术与小车变幅塔机的安装拆卸技术基本相近，不同在于，有的大型塔式起重机的起重臂是在地面组装后，安装时由塔机自身卷扬动力将起重臂扳起至工作幅度，拆卸时由塔机自身卷扬动力和制动能力将起重臂放落至地面。起重臂的扳起和放落过程技术性强、难度大、风险高，以下以 DBQ4000t·m 动臂式塔式起重机为实例进行介绍。

1. 臂杆扳起前准备

臂杆扳起是指塔机的大型动臂式起重机起重臂杆在地面组装成功后，从水平状态通过塔机的起升卷扬机的动力将臂杆扳起（拉起）至工作幅度的过程。

（1）在臂杆扳起之前，将塔机安装专项方案中臂杆扳起部分的技术要领和要求以及预防措施，逐一向承担任务的作业人员进行具体的交底，并明确其职责。

（2）清理臂杆扳起作业现场，保证臂杆扳起必要的安全、可靠条件。

（3）明确臂杆扳起现场总负责人、现场安全管理人、起重指挥人、安装质量负责人。

（4）各个负责人应履行职责，在臂杆扳起之前进行相应的检查确认。

2. 臂杆扳起前安全检查

臂杆扳起的各职能负责人应共同对塔机的下列部件进行检查确认：

（1）主臂、副臂是否按规定的方式组合正确、完好。

（2）对有柱索支架的组合，支架所装位置和支架长度是否正确。

（3）所有销轴、销簧、销卡是否连接正确、可靠。

（4）所有钢丝绳的穿绕是否正确，绳头固定是否正确、可靠。

（5）各限位器开关、幅度检测、力矩传感器、风速仪、航空安全障碍灯等电气元件及其线路是否正确，连接是否可靠，是否留有扳起中需要的足够的电线裕量，是否在扳起中会损坏电气元件，并采取相应措施。

（6）起重臂上及其相关部件上应安装的附件是否已安装上。

（7）检查平衡重的重量和安装位置。

（8）门架、台车、机台各部的安装情况，特别是连接螺栓是否齐全、拧紧。

（9）轨道是否正常扳起，滑道是否平整、有无障碍物。

（10）机台与门架的连接接板中螺杆是否拧紧，有无松动。

3. 臂杆扳起工艺

动臂式塔式起重机的起重臂扳起工艺：①开关转换至扳起位置→②开启副变幅卷扬机松开副臂拉索→③启动主变幅卷扬机至主臂稍抬起→④抬至 300mm 检查主臂安全性→⑤抬起至 500mm 检查卷扬机制动性能→⑥继续扳起主臂至离地面 20m 时制动，将防后倾拉索与主副臂轴销连接→⑦继续启动扳起动作直至副臂头部滚轮离地→⑧开动副变幅卷扬机，张紧副变幅钢丝绳→⑨开动主变幅卷扬机使副臂头部离地约 1m，穿绕起重钢丝绳，并安装高度限制装置→⑩继续开动主变幅卷扬机整体扳

起至 80°状态→⑪继续开动主变幅卷扬机扳起主臂至主臂 86.5°
为止→⑫开动副变幅卷扬机，扳起副臂至最大幅度工作位置→
⑬主副变幅机构扳起到位后，检查各部位就位情况，无误后将
操作开关切换至塔式工作位置，进入试运行阶段。

4. 臂杆扳起方法

（1）司机在主控位置将所有操作开关转换至扳起位置。

（2）在启动主变幅卷扬机之前，先开动副变幅卷扬机，将
副臂拉索放松至松弛状态，然后开动主变幅卷扬机。

（3）启动主变幅卷扬机，主变幅钢丝绳及扳起拉索处于拉
紧状态后稍停，检查无卡滞现象后，再继续启动主变幅卷扬机，
当主臂稍抬起离开支承架 300mm 左右时，停止主变幅卷扬机运
行动作。

（4）在此状态下停留 10min，检查主臂头部、机台、扳起拉
索、回转滚轮装置等各部件有无异常情况或隐患。

（5）确认无误后，再启动主变幅卷扬机，将主臂抬起离开
支承架 500～600mm 时进行一次制动，以检查制动装置可靠性。

（6）检查确认制动装置有效后，开启主变幅卷扬机继续扳
起主臂，当主钩定滑轮中心离地面 20m 时停止，将防后倾拉索
与主臂前端连接好。

（7）继续启动扳起动作，在主臂扳起过程中，主、副变幅
绞车协调动作，不得离地，直至副臂头部滚轮达到离地位置时
停止。

（8）开动副变幅卷扬机，张紧副变幅钢丝绳，使副臂头部
滚轮不离地面，并保持副臂与主臂轴线夹角不变。此时，应记
录下卷筒上钢丝绳余留圈数，或在钢丝绳上涂上油漆记号。

（9）开动主变幅卷扬机，使副臂头部离地约 1m，穿绕起重
钢丝绳，并安装高度限制器的托块和带平面止推轴承的固定装
置（注意：应使穿好的起重钢丝绳主、副钩与副臂头部之间距
离大于 20m，使副臂头部离地 20m 时吊钩开始离地）。

（10）继续开动主变幅卷扬机整体扳起，直至主臂撑杆进入滑道并顶紧时停止（注意：保持进入滑道顺利，此时主臂80°左右，主臂杆长度为4600mm）。

（11）继续开动主变幅卷扬机扳起主臂，直至主臂撑杆压缩到位为止，测量主臂顶部副臂根轴上幅度，调整正确后使主臂转角限位，此时，主臂86.5°。

（12）开动副变幅卷扬机，扳起副臂至最大幅度工作位置（注意：观察副臂工作限位的动作是否可靠）。

（13）主副变幅机构扳起到位后，检查各部位就位情况无误后，司机在主控位置将所有操作开关从扳起位置转换至塔式工作位置。

在主臂杆扳起过程中，主副变幅卷扬机动作必须协调，使副臂拉索始终处于松弛状态，副臂头部滚轮必须在钢板上滚动，不得离地，直至副臂头部滚轮达到离地面位置时停止。在整个扳起过程中应避免主副卷扬机出现点动现象，主变幅操作手柄应从1至4挡依次到位。DBQ4000t·m动臂式塔机起重臂扳起，如图8-8所示。

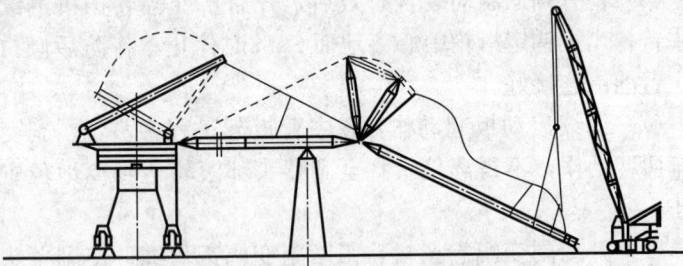

图8-8　动臂式塔机起重臂扳起示意

5. 臂杆降落的程序

动臂式塔式起重机的顺序是安装的逆向过程。由于臂杆降落过程是重力控制过程，使用制动器的时间相对较多、较长，因此，制动器性能必须符合规定的性能要求，降落前必须仔细认真检查卷扬机机构中的制动器的制动性能，反复试验制动效果，确认可靠后方准进行臂杆降落程序。

（1）准备主臂杆支承架，将其就位；将起重吊钩放至离副臂前端不小于20%位置。

（2）将电气操作开关转至扳起位置，去掉变幅卷扬机上的链条（可在最大幅度时）。

（3）将副臂缓缓放倒，直至变幅绞车上的钢丝绳和扳起时相同为止，制动变幅卷扬机。

（4）继续放出主变幅卷扬机，整体放倒，放至副臂头部着地为止。

（5）继续放出主变幅卷扬机钢丝绳，副臂头部滚轮应在钢板上向外滚动。此过程中可适当收紧副变幅绳，但不能过紧，使副臂拉索处于松弛状态即可。注意在主、副臂夹角增大时，副臂撑杆是否顺利脱出支撑座，如果顶牢应立即停止，排除故障后再继续放落，在主臂头部（主钩定滑轮中心）离地面大约20m时停止，将放后倾拉索与主臂前段连接拆除，继续放倒臂杆。

（6）放倒副臂后，主臂落至支承架上，放倒作业完成。DBQ4000t·m动臂式塔式起重机即将放落着地状态，如图8-9所示。

图8-9　DBQ4000t·m动臂式塔式起重机即将放落着地状态

（三）塔机安装拆卸安全操作规程

1. 塔机安装操作规定

（1）安装之前操作规定：

1) 安装前安装作业人员应分工明确、职责清楚，接受塔机专项施工方案的技术交底，严格按专项方案进行作业。

2) 安装前应根据专项施工方案，对塔机基础的下列项目进行检查：①基础的位置、标高、尺寸；②基础的隐蔽工程验收记录和混凝土强度报告等相关资料；③安装辅助设备的基础、地基承载力、预埋件等；④基础的排水措施。

3) 了解该塔机的技术性能，掌握说明书中所规定的安装工艺和程序。

4) 掌握安拆部件的重量和吊点位置，掌握安装的关键节点和关键工序。

5) 对所安拆各机构部位、结构焊缝、重要部位、高强螺栓、销轴、卷扬机构和钢丝绳、吊钩、吊具以及电气设备、线路等进行检查，并消除隐患。

6) 检查安装作业中配备的起重机、运输汽车等辅助机械，应状况良好，技术性能应保证安拆作业的需要。

7) 检查安装现场电源电压、运输道路、作业场地等，应具备安拆作业条件。

8) 按说明书要求，对塔机润滑部位和需要润滑的螺栓进行润滑。

9) 对施工现场和周边环境进行检查、清理，以适应安拆塔机。

10) 对安装人员所使用的安全用品、安全带、安全帽等进行检查，不合格者立即更换。

11) 对自升塔式起重机顶升液压系统的液压和油管、顶升套架结构、导向轮、顶升撑脚（爬爪）等进行检查，及时处理存在的问题。

12) 对采用旋转塔身法所用的主副地锚架、起落塔身卷扬钢丝绳以及起升机构制动系统等进行检查，确认无误后方可使用。

13) 对进入安拆场地配合运输的机动车辆司机进行安全注

意事项告知。

14）安全监督岗的设置及安全技术措施的贯彻落实达到要求。对施工现场部署安全警示标志。

（2）安装之中操作规定：

1）安装时按规定的连接形式连接塔机部件，按规定的扭矩紧固螺栓。

2）在紧固要求有预紧力的螺栓时，必须使用专门的可读数的工具，将螺栓准确地紧固到规定的预紧力值。

3）按规定的程序进行拆卸，并注意不影响下道工序的安全性。

4）安装或拆卸起重臂和平衡臂时，应连续作业，严禁在安装、拆卸时中断作业。

5）塔机电气部分，非电工作业人员不得从事安拆项目。

6）安装时必须先将大车行走限位装置及限位器碰块安装牢固、可靠。

7）安装时必须将各部位的栏杆、平台、护链、扶杆、护圈等安全防护零部件装齐，并在安装后作详细检查。

8）安装时，每道工序完毕后，应进行检查确认，对于关键工序应经技术人员检查确认后进行下道工序。

9）当遇特殊情况安装作业不能连续进行时，必须将已安装的部位固定牢靠并达到安全状态，经检查确认无隐患后，方可停止作业。

10）当遇到特殊情况影响下道工序或对安全性有影响时，应停止作业报技术人员，待新的作业方案确定后继续作业。

11）塔机的安拆作业应在白天进行，当遇大风、浓雾和雨雪等恶劣天气时，应停止作业。

12）连接件及其防松防脱件严禁用其他代用品代用，连接件及其防松防脱件应用力矩扳手或专用工具紧固连接螺栓。

13）安拆作业的人员，应听从指挥，如发现指挥信号不清或有错误时，应停止作业，待联系清楚后再进行。

14）安拆过程中，发现异常情况或疑难问题时，应及时向技术负责人反映，不得自行其是，应防止处理不当而造成事故。

15）在安拆上回转、小车变幅的起重臂时，应根据出厂说明书的安拆要求进行，并应保持起重机的平衡。

16）采用高强螺栓连接的结构，应使用原厂制造的连接螺栓，连接螺栓时，应采用扭矩扳手或专用扳手，并应按装配技术数据要求拧紧。

17）安装中必须将大车行走缓冲止挡器和限位开关碰块安装牢固、可靠，并应将各部位的栏杆、平台、扶杆、护圈等安全防护装置装齐。

18）在因损坏或其他原因而不能用正常方法拆卸时，必须按照技术部门批准的安全拆卸方案进行。

19）安装过程中，必须分阶段进行技术检验，整机安装完毕后，应进行整机技术检验和调整，并填写检验记录，经技术负责人审查签证后，方可交付使用。

20）安装起重臂时严禁下方有人员停留，起吊标准节时严禁从人员上方通过。

21）严禁使用塔式起重机载运安装作业人员。

22）塔式起重机不宜在夜间进行安装作业，当需在夜间进行塔式起重机安装和拆卸作业时，应保证提供足够的照明。

23）安装、拆卸中需要动用电气焊时，应报现场安全管理人员同意，必要时办理"动火证"后作业。

24）安装完毕后，应及时清理施工现场的辅助用具和杂物。

2. 塔机安装后安全性能检查规定

（1）检查塔机所有安全装置是否灵敏、有效，发现失灵的安全装置，应及时修复或更换，所有安全装置调整后，应加封固定，以防擅自调整。

（2）配电箱应设置在轨道中部，电源电路中应装设错相及断相保护装置及紧急断电开关，电缆卷筒应灵活、有效，不得拖缆。

（3）当同一施工地点有两台以上起重机时，应保持两机间任何接近部位（包括吊重物）距离不得小于 2m。

（4）遇连续大雨天气，塔机顶升或安装附着锚固装置之后，应对混凝土基础，检查其是否有不均匀的沉降。

（5）塔机试车前重点检查项目应符合下列要求：

①金属结构和工作机构的外观情况正常；②各安全装置和各指示仪表齐全、完好；③各齿轮箱、液压油箱的油位符合规定；④主要部位连接螺栓无松动；⑤钢丝绳磨损情况及各滑轮穿绕符合规定；⑥供电电缆无破损。

（6）试车送电前，各控制器手柄应在零位，当接通电源时，应采用试电笔检查金属结构部分，确认无漏电后，方可上机。

（7）试车时应进行空载运转，试验各工作机构是否运转正常，发现噪声及异响应检查排除。

（8）对于装有上、下两套操纵系统的塔机，不得上、下同时运行。

（9）试车中当停电或电压下降时，应立即将控制器扳到零位，并切断电源，如吊钩上挂有重物，应稍松稍紧反复使用制动器，使重物缓慢地下降到安全地带。

（10）采用涡流制动调速系统的塔机，不得长时间在低速挡或慢就位速度试运行。

（11）试车完毕后，塔机起重臂应转到顺风方向，并松开回转制动器，小车及平衡重应置于非工作状态，吊钩升到离起重臂顶端 2～3m 处，塔机应停放在轨道中间位置。

（12）试车停机时，应将每个控制器拨回零位，依次断开各开关，关闭操纵室门窗，下机后，应锁紧夹轨器，使起重机与轨道固定，断开电源总开关，打开高空指示灯。

（13）检修人员上塔身、起重臂、平衡臂等高空部位检查或修理时，必须系好安全带。

（14）塔机在无线电台、电视台或其他强电磁波发射天线附近施工时，与吊钩接触的安拆人员，应戴绝缘手套和穿绝缘鞋，并应在吊钩上挂接临时放电装置。

3. 塔机安装和使用中发现下列情况之一，不得安装和使用

(1) 结构件上有可见裂纹和严重锈蚀的（10%）。

(2) 主要受力构件存在塑性变形的。

(3) 连接件存在严重磨损和塑性变形的。

(4) 钢丝绳达到报废标准的。

(5) 安全装置不齐全或失效的。

4. 塔机拆卸的操作规定

(1) 塔式起重机拆卸作业宜连续进行，当遇特殊情况拆卸作业不能继续时，应采取措施保证塔式起重机处于安全状态。

(2) 当用于拆卸作业的辅助起重设备设置在建筑物上时，应明确设置位置、锚固方法，并应对辅助起重设备的安全性及建筑物的承载能力等进行验算。

(3) 拆卸前应检查主要结构件、连接件、电气系统、起升机构、回转机构、变幅机构、顶升机构等项目。发现隐患应采取措施，解决后方可进行拆卸作业。

(4) 拆卸作业，应根据专项施工方案要求实施，拆卸作业人员应分工明确、职责清楚，拆卸前应对拆卸作业人员进行安全技术交底。

(5) 拆卸前应检查塔机的安全装置必须齐全，并应按程序调试合格。

(6) 附着式塔式起重机应明确附着装置的拆卸顺序和方法。

(7) 自升式塔式起重机每次降节前，应检查顶升系统和附着装置的连接等，确认完好后方可进行作业。

(8) 拆卸完毕后，为塔式起重机拆卸作业而设置的所有设施应拆除，清理场地上作业时所用的吊索具、工具等各种零配件和杂物。

九、塔式起重机安装拆卸施工管理

塔式起重机安装、拆卸技术性强，管理要求严格，稍有不慎极易造成安全事故。安全管理的目的就是针对塔机安拆过程可能产生的各种风险进行前期策划、预防措施、过程监控，并以有效的管理控制措施保证安装质量达标，保证作业过程安全无事故。

（一）塔机安装专项施工方案

根据《危险性较大的分部分项工程管理办法》（建质［2009］87号）和《建筑施工塔式起重机安装、使用、拆卸安全技术规程》JGJ 196规定，塔式起重机安装属于危险性较大的作业项目范围，应当在安装、拆卸前编制《塔机安装拆卸专项施工方案》和《塔机安装专项应急预案》。为了便于掌握塔机安装技术，以下选择《QTZ80（TC569-6）型塔式起重机安装专项施工方案》为范例进行介绍。

1. 塔式起重机安装拆卸专项施工方案内容

（1）塔式起重机安装专项施工方案包括下列内容：

①工程概况；②安装位置平面和立面图；③所选用的塔式起重机型号及性能技术参数；④基础和附着装置的设置；⑤爬升工况及附着节点详图；⑥安装顺序和安全质量要求；⑦主要安装部件的重量和吊点位置；⑧安装辅助设备的型号、性能、布置位置；⑨电源的设置；⑩施工人员配置；⑪吊索具和专用工具的配备；⑫安装工艺程序；⑬安全装置的调试；⑭重大危险源和安全技术措施；⑮应急预案等。

（2）塔式起重机拆卸专项施工方案包括下列内容：

①工程概况；②塔式起重机位置的平面和立面图；③拆卸顺序；④部件的重量和吊点位置；⑤拆卸辅助设备的型号、性能、布置位置；⑥电源的设置；⑦施工人员配置；⑧吊索具和专用工具的配备；⑨重大危险源和安全技术措施；⑩应急预案等。

2. 工程概述

（1）概况：该工程为某市建知识产权服务大厦工程，建筑面积 98353.05m²，建筑高度，标高 34.0m，局部标高：1 号楼 38.8m，2 号楼 38.8m，3 号楼 38.8m，地下 2 层，地上 8 层（局部（顶部构架）9 层），该工程拟使用 QTZ80（TC5610-6）塔式起重机从事吊装作业，该塔机由中联重科集团设计制造，该塔机使用方便、安全可靠、智能化较先进，能够满足施工需求。

（2）基于塔机安装涉及多工种协调作业，按作业分工，安装拆卸人员、起重司索信号工和塔机司机必不可少，且起重挂钩、指挥、吊运、就位、拼装、卸载作业非一个工种可以完成，因此参与人员都应掌握专项施工方案的要领。

（3）塔机基础施工，应符合"塔机使用说明书"的要求，满足塔机安装条件。

3. 安装位置平面和立面图

基于塔机平面布置的可行性、科学性要求，采用 BIM 技术模拟设计塔机现场平面布置，如图 9-1 所示。

4. 所选用的塔机型号及性能技术参数

该工程选用 QTZ80（TC5610-6）塔式起重机，该机属于小车变幅式水平臂塔机，整机技术参数，详见表 9-1。

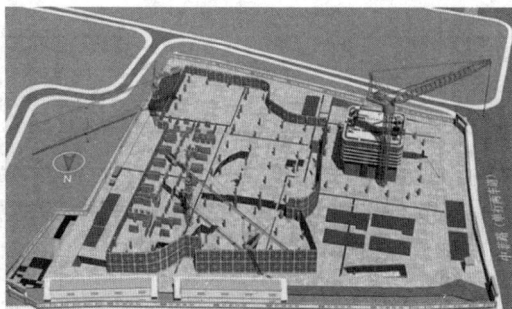

图 9-1　采用 BIM 技术模拟设计塔机现场平面布置图

QTZ80（TC5610-6）塔式起重机整机技术参数　　　　表 9-1

额定起重力矩（t•m）		80				
塔机工作级别		A4				
塔机利用等级		U4				
塔机载荷状态		Q2				
机构工作级别	起升机构	M5				
	回转机构	M4				
	牵引机构	M3				
起升高度（m）	倍率	独立式		附着式		
	$a-2$	40.5		160		
	$a=4$	40.5		80		
最大起重量（t）		6				
工作幅度（m）	最小幅度	2.5				
	最大幅度	57				
起升机构	倍率	2			4	
	起重量（t）	1.5	3	3	3	6	6
	速度（m/min）	80	40	8.5	40	20	4.3
	电机功率（kW）	24/24/5.4				
回转机构	回转速度（r/min）	0.6				
	电机功率（kW）	2×2.2				
牵引机构	牵引速度（m/min）	40/20				
	电机功率（kW）	3.3/2.2				

顶升机构	顶升速度（m/min）	0.6					
	电机功率（kW）	5.5					
	工作压力（MPa）	20					
总功率（kW）		31.7（不含顶升机构电机）					
平衡重重量	起重臂长（m）	57	55	52	50	47	45
	重量（t）	13.32	12.52	12.3	11.5	11.02	10.22
整机自重（t）	独立式	32.18	32.00	31.84	31.66	31.47	31.29
	附着式	71.31	71.13	70.97	70.79	70.60	70.42
工作温度（℃）		—20～50					

设计风压（Pa）	顶升工况		工作工况		非工作工况	
	最高处	100	最高处	250	0～20m	800
					20～100m	1100
					大于100m	1300

5. 爬升工况及附着节点详图（略）

6. 安装顺序和安全质量要求

（1）组织保障：项目部安全组织体系及项目安全管理职责（项目安全管理职责略）。项目部安全管理组织体系（包括塔机安装），如图 9-2 所示。

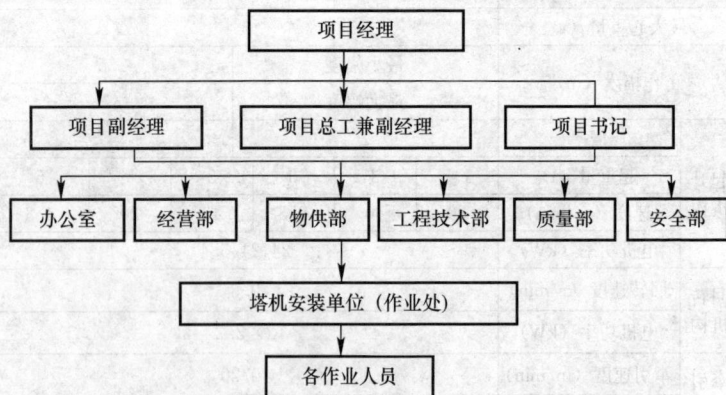

图 9-2　项目部安全管理组织体系（包括塔机安装）

（2）安全质量控制措施：项目部和塔机安装单位负责对塔机安装过程进行安全监管，包括日常检查、隐患处理、完善整改。塔机安装安全控制措施，如图 9-3 所示。

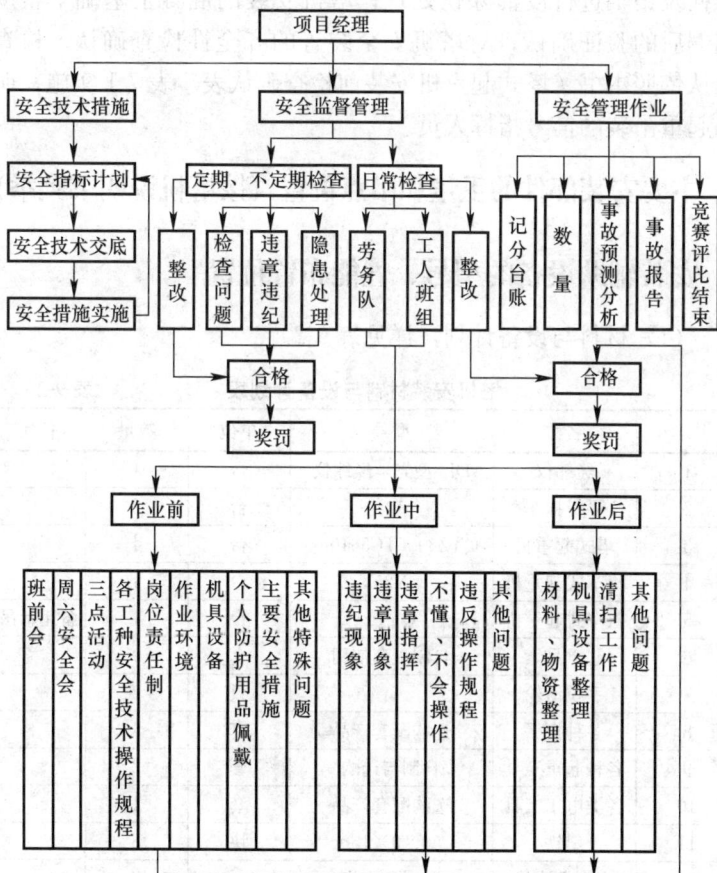

项目经理

安全技术措施　　安全监督管理　　安全管理作业

安全指标计划
安全技术交底
安全措施实施

定期、不定期检查　　日常检查

整改　检查问题　违章违纪　隐患处理　劳务队　工人班组　整改

记分台账　数量　事故预测分析　事故报告　竞赛评比结束

合格　　合格

奖罚　　奖罚

作业前　　作业中　　作业后

班前会　周六安全会　三点安全会　各工种安全技术操作规程　岗位责任制　作业环境　机具设备　个人防护用品佩戴　主要安全措施　其他特殊问题

违纪现象　违章现象　违章指挥　不懂、不会操作　违反操作规程　其他问题

材料、物资整理　机具设备整理　清扫工作　其他问题

图 9-3　塔机安装安全控制措施

（3）方案交底：该专项施工方案由塔机安装单位组织编制，交施工总承包单位组织审核，由总承包单位总工程师批准，报监理工程师核批；批准后的专项方案由总承包负责向塔机单位进行技术交底，安装单位负责向操作人员进行技术交底，并有

交底记录。

（4）检查与确认：塔机安装前，安全监管人员应对安装人员进行危险源告知及紧急避险保护交底；质量员应当对安装的螺栓及销轴进行浸油除锈处理；塔机安装的混凝土基础平整度纠偏后的验证确认；对塔机安全装置的齐全性检查确认，检查确认依照本书《塔式起重机安装前检查确认表》表 7-1 实施；明确起重吊装的信号指挥人员。

7. 主要安装部件的重量和吊点位置（按塔机说明书列举）

8. 安装辅助设备的型号、性能布置位置

（1）材料与设备计划，详见表 9-2。

塔机安装材料与设备计划表   表 9-2

序号	名称	型号	单位	数量	备注
1	经纬仪	DJ6 型光学经纬仪	台	1	
2	平板拖车	10t	台	2	
3	塔式起重机	QTZ80（TC5610-6）	台	4	
4	汽车式起重机	QY25V	台	1	
5	汽车式起重机	QY16	台	1	备用辅吊
6	起重吊索	自制配套使用	套	9	
7	手拉滑轮	5t	只	2	
8	各种扳手	选购配套产品	套	4	
9	各种起重工具	自制与选购	套	2	
10	各类电工工具	选购配套产品	套	1	
11	斜铁	30×9×150	块	8	
12	安全警戒线	带彩色小旗	m	50	
13	线锤	0.5kg	只	1	
14	安全带	五点式	根	9	
15	黄油	钙基酯	kg	9	

（2）现场准备：在塔机进场前，落实起重机进场道路辅设与平整，清除障碍物；起重机站位的地基承载可靠性和回转半

径的障碍清除；设置安全警戒绳和危险源告知牌，指定专人负责各项工作。

（3）安装计划：依据安装租赁合同的相关要求和施工单位安排的进场时间，安装单位按要求将塔机运输至施工进场，及时组织安装，初拟定塔机进场后一周内正式交付使用。

（4）安装辅助设备的型号、性能，详见第7章第7.1.1条，本章不再赘述。

9. 电源的设置

根据项目部提供电源的位置进行布置。（略）

10. 施工人员配置

拟列专职安全生产管理人员、塔机安装作业人员名单。（略）

11. 吊索具和专用工具的配备

材料与设备计划，详见表9-2。（略）

12. 安装工艺程序

（1）安装工艺：详见第七章第（二）节第2条，本章不再赘述。

（2）施工方法：详见第七章第（二）节第3～5条，本章不再赘述。

（3）主要部件安装：详见第七章第（三）节，本章不再赘述。

13. 安全装置的调试

安全装置详见第七章第（四）节，本章不再赘述。

14. 重大危险源和安全技术措施

（1）重大危险性分析：塔式起重机安装可能存在以下安全

风险：

1）高处作业人员可能导致高处坠落事故。

2）交叉作业人员可能导致物体打击事故。

3）临时用电作业人员可能导致触电事故。

4）安装、拆卸中使用起重机人员可能导致起重伤害事故。

5）外力影响可能出现塔式起重机倾覆、冲顶、坠落事故。

6）时下正值高温阶段，容易导致人员中暑事故。

（2）针对重大危险源制订以下安全技术控制措施：

1）依据《建筑施工高处作业安全技术规范》JGJ 80和《建筑施工安全检查标准》JGJ 59以及《建筑施工作业劳动防护用品配备及使用标准》JGJ 184的规定，制定具体的高处作业和交叉作业安全管理规定。

2）依据《施工现场临时用电安全技术规范》JGJ 46和《手持式电动工具的管理、使用、检查和维修安全技术规程》GB/T 3787规定，制定具体的临时用电作业安全管理规定。

3）依据《起重设备安装工程施工及验收规范》GB 50278和《起重吊运指挥信号》GB/5082规定，制定具体的起重吊装作业及外力影响可能出现塔式起重机倾覆、冲顶、坠落事故安全管理规定。

4）依据《建设工程施工现场环境与卫生标准》JGJ 146规定，制定高温阶段防中暑安全管理规定。

15. 应急预案

（1）依据《生产经营单位生产安全事故应急预案编制导则》GB/T 29639规定，塔机安装应当编制现场处置方案或专项应急预案。

（2）项目部和安装单位应当准备以下应急物资：①常备物资：消毒用品、急救用品、防中暑物品、担架等；②项目部和安装现场准备一辆机动车，以便应急动用；③安装现场准备一具消防灭火器和砂子，以及其他应急物资。

（3）事故应急处置程序：①事故发生后，现场第一目击者应当在第一时间向项目部安全领导报告；②安装单位负责人应当及时向项目部领导报告（不超过 1h），并组织抢救；③如果发生人员伤亡事故，应当尽快联络报警、报案，保护现场，封闭现场。

（4）现场事故施救与应急处置：

1）塔机安装过程中可能发生的事故主要有：机具伤人、火灾事故、触电事故、高温中暑、中毒窒息、高处坠落、落物伤人等。

2）火灾事故应急处置：及时报警，组织扑救，集中力量控制火势。注意人身安全，积极抢救被困人员，配合消防人员扑灭大火。

3）触电事故应急处置：立即切断电源或用干燥木棒、竹竿等绝缘工具将电线挑开。伤员被救后，观察其呼吸、心跳情况，可采取人工呼吸、心脏挤压术，并且注意其他损伤的处理。

4）高温中暑应急处置：将中暑人员移至阴凉的地方，解开衣服让其平卧，头部不要垫高。用凉水或 50%酒精擦其全身，直至皮肤发红、血管扩张以促进散热，降温过程中要密切观察。及时补充水分和无机盐，及时处理呼吸、循环衰竭，医疗条件不完善时，及时送医院治疗。

5）其他人身伤害应急处置：当发生如高空坠落、被高空坠物击中、中毒窒息和机具伤人等人身伤害时，应立即向项目部报告、排除其他隐患，防止救援人员受到伤害，积极对伤员进行救治。

16. 计算书及相关图纸

依据《危险性较大的分部分项工程安全管理办法》第 7 条规定，专项施工方案应附计算书及相关图纸。详见本书第七章，本章不再赘述。

（二）塔机安装后检验检测

1. 检验检测规定

（1）总体规定：塔式起重机安装后使用前，由安装单位组织质量监督人员对安装后塔机进行自行检查、纠偏校验、消除缺陷；委托第三方进行法定性校验，第三方校验合格后，向总承包报告，由总承包组织安装单位、监理单位、塔机使用单位、塔机租赁单位对安装后的塔机进行联合验收；联合验收合格后，由总承包单位向塔机使用所在地行政主管部门履行备案登记手续。自此安装后的塔机方可进入正式使用阶段。塔机检验检测程序，如图9-4所示。

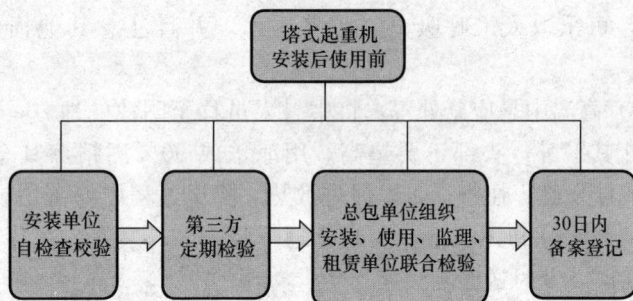

图 9-4　塔机检验检测程序

（2）塔机顶升加节后使用前，由安装单位组织质量监督人员对顶升加节后的塔机进行自行检查、纠偏校验、消除缺陷；由总承包组织安装单位、监理单位、塔机使用单位、塔机租赁单位对顶升加节后的塔机进行联合验收；联合验收合格后，由总承包单位登记归档，塔机安装单位备案。塔机顶升加节后检验程序，如图9-5所示。

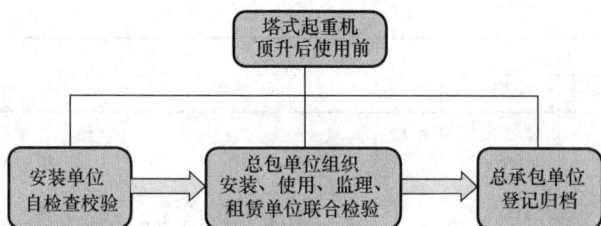

图 9-5　塔机顶升加节后检验程序

2. 塔式起重机安装自检

塔机安装单位对安装后的塔机，应依照《建筑施工塔式起重机安装、使用、拆卸安全技术规程》JGJ 196、"塔式起重机安装自检表"，组织相关人员进行自检验，详见表 9-3。

塔式起重机安装自检表　　　　　　表 9-3

设备型号		设备编号	
设备生产厂		出厂日期	
工程名称		安装单位	
工程地址		安装日期	

资料检查项				
序号	检查项目	要求	结果	备注
1	隐蔽工程验收单和混凝土强度报告	齐全		
2	安装方案、安全交底记录	齐全		
3	塔式起重机转场保养作业单或新购设备的进场验收单	齐全		

基础检查项				
序号	检验项目	实测数据	结果	备注
1	地基允许承载能力（kN/m²）	—	—	
2	基坑围护形式	—	—	
3	塔式起重机距基坑边距离（m）	—	—	
4	基础下是否有管线、障碍物或不良地质	—	—	
5	排水措施（有、无）	—	—	
6	基础位置、标高及平整度			
7	塔式起重机底架的水平度			
8	行走式塔式起重机导轨的水平度			
9	塔式起重机接地装置的设置	—	—	
10	其他	—	—	

机械检查项

名称	序号	检查项目	要求	结果	备注
标识与环境	1	登记编号牌和产品标牌	齐全		
	2*	塔式起重机与周围环境关系	尾部与建（构）筑物及施工设施之间的距离不小于 0.6m		
			两台塔式起重机之间的最小架设距离应保证处于低位塔式起重机的起重臂端部与另一塔式起重机的塔身之间至少有 2m 的距离，处于高位塔式起重机的最低位置的部件与低位塔式起重机中处于最高位置部件之间的垂直距离不应小于 2m		
			与输电线的距离应不小于《塔式起重机安全规程》GB 5144 的规定		
金属结构件	3*	主要结构	无可见裂纹和明显变形		
	4	主要连接螺栓	齐全，规格和预紧力达到使用说明书要求		
	5	主要连接销轴	销轴符合出厂要求，连接可靠		
	6	过道、平台、栏杆、踏板	符合《塔式起重机安全规程》GB 5144 的规定		
	7	梯子、护圈、休息平台	符合《塔式起重机安全规程》GB 5144 的规定		
	8	附着装置	设置位置和附着距离符合方案规定，结构形式正确，附墙与建筑物连接牢固		
	9	附着杆	无明显变形，焊缝无裂纹		
金属结构件	10	在空载、风速不大于 3m/s 状态下 — 独立状态塔身（或附着状态下最高附着点以上塔身）	塔身轴心线对支承面的垂直度 ≤4/1000		
	11	附着状态下最高附着点以下塔身	塔身轴心线对支承面的垂直度 ≤2/1000		
	12	内爬式塔式起重机的爬升框与支承钢梁、支承钢梁与建筑结构之间的连接	连接可靠		

名称	序号	检查项目	检验检查项要求	结果	备注
爬升与回转	13 *	平衡阀或液压锁与油缸间的连接	应设平衡阀或液压锁,且与油缸用硬管连接		
	14	爬升装置防脱功能	自升式塔式起重机在正常加节、降节作业时,应具有可靠的防止爬升装置在塔身支承中或油缸端头从其连接结构中自行(非人为操作)脱出的功能		
	15	回转限位器	对回转处不设集电器供电的塔式起重机,应设置正反两个方向的回转限位开关,开关动作时臂架旋转角度应不大于±540°		
起升系统	16 *	起重力矩限位器	灵敏可靠,限制值<额定载荷的110%,显示误差≤±5%		
	17 *	起升高度限位	对动臂变幅和小车变幅的塔式起重机,当吊钩装置顶部升至起重臂下端的最小距离为800mm处时,应能立即停止起升机运动		
	18	起重量限制器	灵敏可靠,限制值<额定载荷的110%,显示误差≤±5%		
变幅系统	19	小车断绳保护装置	双向均应设置		
	20	小车断轴保护装置	应设置		
	21	小车变幅检修挂篮	连接可靠		
	22 *	小车变幅限位和防臂架后翻装置	对小车变幅的塔机,应设置小车行程限位开关和终端缓冲装置,限位开关动作后应保证小车停车时其端部距缓冲装置最小距离为200mm		
	23 *	动臂式变幅限位和防臂架后翻装置	动臂变幅有最大和最小幅度限位器,限制范围符合使用说明书要求,防止臂架反弹后翻的装置牢固、可靠		

名称	序号	检查项目	要求	结果	备注
机构及零部件	24	吊钩	钩体无裂纹、磨损、补焊、危险截面，钩筋无塑性变形		
	25	吊钩防钢丝绳脱钩装置	应完整、可靠		
	26	滑轮	滑轮应转动良好，出现下列情况应报废：①裂纹或轮缘破损。②滑轮绳槽臂厚磨损量达原臂厚的20%。③滑轮槽底的磨损量超过相应钢丝绳直径的25%		
	27	滑轮上的钢丝绳防脱装置	应完整、可靠，该装置与滑轮最外缘的间隙不应超过钢丝绳直径的20%		
	28	卷筒	卷筒壁不应有裂纹，筒壁磨损量不应大于原壁厚的10%，多层缠绕的卷筒，端部应有比最外层钢丝绳高出2倍钢丝绳直径的凸缘		
机构及零部件	29	卷筒上的钢丝绳防脱装置	卷筒上钢丝绳应排列有序，设有防钢丝绳脱槽装置，该装置与卷筒最外缘的间隙不应超过钢丝绳直径的20%		
	30	钢丝绳完好度	见本表钢丝绳检查项		
	31	钢丝绳端部固定	符合使用说明书规定		
	32	钢丝绳穿绕方式、润滑与干涉	穿绕正确、润滑良好、无干涉		
	33	制动器	起升、回转、变幅、行走机构都应配备制动器，制动器不应有裂纹、过度磨损、塑性变形、缺件等缺陷。调整适宜、制动平稳、可靠		
	34	传动装置	固定牢固、运行平稳		
	35	有可能伤人的活动零部件出露部分	防护罩齐全		

名称	序号	检查项目	要求	结果	备注
电气及保护	36 *	紧急断电开关	非自动复位，有效，且便于司机操作		
	37 *	绝缘电阻	主电路和控制电路的对地绝缘电阻不应小于 0.7MΩ		
	38	接地电阻	接地系统应便于复核检查，接地电阻不大于 4Ω		
	39	塔式起重机专用开关箱	单独设置并有警示标志		
	40	声响信号器	完好		
	41	保护零线	不得作为载流回路		
	42	电源电缆与电缆保护	无破损、老化，与金属接触处有绝缘材料隔离，移动电缆时电缆卷筒或其他防止磨损措施		
	43	障碍指示灯	塔顶高度大于 30m 且高于周围建筑物时安装，该指示灯的供电不应受停机的影响		
轨道	44	行走轨道端部止挡装置与缓冲	应设置		
	45 *	行走限位装置	制停后距止挡装置≥1m		
	46	防风夹轨器	应设置，有效		
	47	排障清轨板	清轨板与轨道之间的间隙不应大于 5mm		
	48	钢轨接着位置及误差	支承在道木或路基箱上时，两侧错开≥1.5m；间隙≤4mm；高差≤2mm		
	49	轨距误差及轨距拉杆设置	<1/1000 且最大应<6mm；相邻两根间距<6m		
司机室	50	性能标牌（显示器）	齐全、清晰		
	51	门窗和灭火器、雨刷等附属设施	齐全、清晰		
	52 *	可升降司机室或乘人升降机	按《吊笼有垂直导向的人货两用施工升降机》GB/T 26557 检查		

名称	序号	检查项目	要求	结果	备注
其他	53	平衡重、压重	安装准确，牢固、可靠		
	54	风速仪	臂架根部铰点高于 50m 时应设置		

钢丝绳检查项

序号	检验项目	报废标准	实测	结果	备注
1	钢丝绳磨损量	钢丝绳实测直径相对公称直径减小 7% 或更多时			
2	常用规格钢丝绳规定长度内达到报废标准的断丝数	钢制滑轮上工作的圆股钢丝绳、抗扭钢丝绳中断丝根数的控制标准参照《起重机 钢丝绳 保养、维护、检验和报废》GB/T 5972			
3	钢丝绳的变形	出现波浪形时，在钢丝绳长度不超过 25d 范围内，若波形幅度值达到 4d/3 或以上，则钢丝绳应报废			
		笼状畸变、绳股挤出或钢丝绳挤出变形严重的钢丝绳应报废			
		钢丝绳出现严重的扭结、压扁和弯折现象应报废			
		绳径局部严重增大或减小均应报废			
4	其他情况描述				
检查结果	保证项目不合格项数		一般项目不合格基数		
	资料		结论		
	检查人		检查日期	年 月 日	

说明：①表中、序号打 * 的为保证项目，其他为一般项目；②对于不符合要求的项目应在备注栏具体说明，对于要求量化的参数应按规定量化在备注栏内；③表中 d 表示钢丝绳公称直径；④钢丝绳磨损量＝[(公称直径－实测直径)/公称直径]×100%。

3. 定期检验

根据《起重机械定期检验规则》TSG Q7015 和《建筑施工塔式起重机安装、使用、拆卸安全技术规程》JGJ 196 规定，塔机安装或异地安装，安装单位自检合格后，应委托有相应资质的检验检测机构进行检测，检验检测机构应出具检测报告书。检验检测不合格不得投入使用。塔机使用检验周期为 1 年。塔机定期检验，详见表 9-4《起重机械定期（首检）检验结论报告》。

起重机械定期（首检）检验结论报告　　　　　　表 9-4

使用单位			
使用单位地址			
组织机构代码		使用地点	
安全管理人员		联系电话	
设备品种		单位内编号	
制造单位			
制造许可证编号（形式试验备案号）		设备代码	
制造日期		规格型号	
产品编号		工作级别	
最大幅度起重量/额定起重量	/ t	最大起重力矩	N·m
起升高度	m	起升速度	m/s
大车运行速度		小车运行速度	
检验依据	《起重机械定期检验规则》TSG Q7015		
主要检验仪器设备			
检验结论			
备注			

下次定期检验日期：　　年　　月　　日	检验机构核准证号：
检验：　　　　日期：	（机构检验专用章）
审核：　　　　日期：	
批准：　　　　日期：	年　月　日

序号	检验项目及其内容				检验结果	检验结论	备注
1	B1 技术文件审查	定期检验报告、使用记录					
2		避雷系统有效证明					
3	B2 作业环境和外观检查	额定起重量标志、检验合格标志					
4		安全距离、红色障碍灯					
5		防爆起重机安全保护装置及其电气元件、照明器材					
6	B3 司机室检查	视野					
7		灭火器、绝缘地板、标志					
8		手柄、踏板自动复位					
9		连接、防护装置					
10	B4 金属结构检查	主要受力结构件					
11		金属结构的连接					
12		箱形起重臂（伸缩式）侧向单面调整间隙					
13	B5 轨道检查（大车、小车轨道）						
14	B6 主要零部件检查	B6.1 总要求（磨损、变形、缺损）					
15		B6.2 吊具	吊具的悬挂				
16			吊钩的防脱钩装置				
17			吊钩焊补、铸造起重机钩口防磨保护鞍座				
18			防爆起重机吊钩防止吊钩因撞击或者摩擦的措施				
19		B6.3 钢丝绳	B6.3.1 钢丝绳配置	钢丝绳匹配			
20				吊运炽热和熔融金属钢丝绳及其生产许可证			
21				防爆起重机防止钢丝绳脱槽装置			
22			B6.3.2 钢丝绳固定	钢丝绳绳端固定			
23				卷筒上的绳端固定装置			
24				金属压制固定的接头			
25				楔块固定的楔套、楔块			
26				绳卡固定时的安装、绳卡数			

序号	检验项目及其内容			检验结果	检验结论	备注
27	B6 主 要 零 部 件 检 查	B6.3 钢丝绳	B6.3.3 用于特殊场合的钢丝绳的报废	吊运炽热金属、熔融金属或者危险品的起重机械用钢丝绳的断丝数			
28				防爆型起重机钢丝绳断丝情况			
29		B6.4 滑轮（铸造起重机）					
30		B6.5 导绳器					
31	B7 电 气 与 控 制 系 统 检 查	B7.1 电气设备与控制功能	电气设备与控制功能				
32			冶金型、防爆型、绝缘型起重机械电气设备及其元器件				
33		B7.2 电气线路对地绝缘电阻	额定电压不大于500V的电阻（或者其他电压的电阻）（MΩ）				
34			绝缘型起重机械绝缘电阻（MΩ）				
35		B7.3 起重机械接地	B7.3.1 电气设备接地	用金属结构做接地干线，非焊处的处理			
36				电气设备与金属结构间的接地连接			
37			B7.3.2 金属结构接地	零件接地电阻（Ω） 非重复接地			
				重复接地			
38				金属接地电阻与漏电保护器动作电流乘积（V）			
39		B7.4 总电源回路的短路保护					
40		B7.5 总电源失压（失电）保护					
41		B7.6 零位保护					
42		B7.7 过流（过载）保护					
43		B7.8 供电电源断错相保护					
44		B7.9 正反向接触器故障保护					
45		B7.10 电磁式起重机电磁铁电源	交流侧电源线的引接				
46			电磁式起重电磁铁的备用电源				

序号			检验项目及其内容	检验结果	检验结论	备注
47	B7 电气与控制系统检查	B7.11 按钮盘的控制电源	控制电源安全电压，按钮功能			
48			便携式地操作按钮盘的控制电缆支承绳			
49		B7.12 照明安全电压	照明安全电压（V）			
50			用金属结构做照明线路的回路			
51		B7.13 信号指示	总电源开关状态的信号指示			
52			警示音响信号			
53	B8 液压系统检查	平衡阀和液压锁与执行机构连接				
54		液压回路漏油现象				
55		油缸受力状况、安全限位装置、防爆阀（截止阀）				
56	B9 安全保护和防护装置检查	B9.1 制动器	B9.1.1 制动器设置			
57			B9.1.2 制动器使用情况	制动器的零部件缺陷、液压制动器漏油现象			
58				制动轮与摩擦片摩擦、缺陷和油污情况			
59				制动器调整、制动情况			
60				制动器推动器漏油现象			
61		B9.2 超速保护装置				
62		B9.3 起升高度（下降深度）限位器	起升高度限位器			
63			吊运炽热、熔融金属起升机构高度限位器			
64			塔式、门座式起重机下降深度限位器			
65		B9.4 料斗限位器				
66		B9.5 运行机构行程限位器				
67		B9.6 起重量限制器	设置			
68			试验			
69		B9.7 力矩限制器	起重力矩限制器设置及其试验			
70			回转极限力矩限制器设置及其试9验			

180

序号	检验项目及其内容		检验结果	检验结论	备注
71	B9.8 防风防滑装置	防风装置设置及其连接			
72		动作试验			
73		零件缺陷情况			
74	B9 安全保护和防护装置检查	B9.9 防倾翻安全钩			
75		B9.10 缓冲器和止挡装置			
76		B9.11 应急断电开关			
77		B9.12 扫轨板（下端距轨道，mm）			
78		B9.13 偏斜显示（限制）装置			
79		B9.14 连锁保护装置			
80		B9.15 风速仪			
81		B9.16 水平仪			
82		B9.17 防护罩、隔热装置			
83		B9.18 防后翻装置和自动锁紧装置	动臂式起重机臂架幅度限位开关、臂架反弹后翻装置			
84			钢丝绳变幅机构防臂架后倾装置			
85			变幅机构卷筒自锁装置			
86		B9.19 断绳（链）保护装置	断绳、松绳（链）及其绳（链）伸长不均检测装置			
87			塔式起重机小车断绳保护装置			
88		B9.20 强迫换速装置	自动转换为低速运行			
89			小车停车时缓冲距离			
90		B9.21 回转限制装置			
91		B9.22 防脱轨装置			
92		B9.23 电缆卷筒终端限位装置			
93		B9.24 起重量起升速度转换连锁保护装置			
94		B9.25 铁路起重机专项安全保护和防护装置	支腿回缩锁定装置			
95			上车顺轨回转角度的限位保护装置			
96			上车对中装置，上下车之间回送止摆装置			
97			液压油滤清器堵塞报警装置			
98			下车全方位对准仪			
99			走行挂齿安全装置			

序号	检验项目及其内容		检验结果	检验结论	备注
100	B9.26 高处作业车专项安全保护和防护装置	平台提升安全装置			
101		应急停止装置			
102		辅助下落装置			
103		警笛或者其他报警装置			
104		终点的限位装置			
105	B9.27	集装箱吊具专项安全保护和防护装置			
106	B9 安全保护和防护装置检查	B9.28 升降机专项安全保护和防护装置	防坠安全器			
107			基础围栏门和电气安全装置			
108			吊笼门机械锁钩和电气安全装置、通信联络设备			
109			限位装置			
110			极限开关			
111			安全钩			
112			缓冲器			
113			钢丝绳防松弛装置			
114			防坠落装置			
115			断绳保护装置			
116			超载保护装置			
117			通道口联锁保护			
118			安全钳、限速器			
119			货厢门联锁保护装置			
120			层门联锁保护装置			
121			检修门锁和电气开关			
122			横梁倾斜报警			
123			水平指示装置			
124			防倾翻报警装置			
125			上、下工作装置互锁（锁定装置）			
126			辅助应急装置			
127			船厢顶紧和夹紧装置、制动装置			

序号	检验项目及其内容		检验结果	检验结论	备注
128	B9.28 升降机 专项安 全保护 和防护 装置	紧急出口门的安全开关			
129		非载人升降机操纵机构设置			
130		同步装置			
131	B9 安 全 保 护 和 防 护 装 置 检 查	B9.29 机械式 停车设 备专项 安全保 护和防 护装置	长、宽、高限制装置			
132			阻车装置			
133			警示装置			
134			防止超限运行装置			
135			人车误入检出装置			
136			载车板上汽车位置检测装置			
137			出入口门、围栏连锁安全检查装置			
138			防重叠自动检测装置			
139			防载车板坠落装置			
140			防夹装置			
141			缓冲器			
142			运转限制装置			
143			断绳（链）保护、松绳（链）伸长不均检测装置			
144			应急停止开关、非自动复位的紧急停止开关			
145			通风装置			
146			通信装置			
147			应急救护装置			
148			安全钳和限速器及其形式试验证明			
149		B9.30 汽车专 用升降 机类停 车设备 专项安 全保护 和防护 装置	制导行程			
150			底坑红色急停开关和电源插座			
151			超载限制器			
152			停电时使升降机慢速移动到安全位置的装置			

183

序号	检验项目及其内容			检验结果	检验结论	备注
153	B10 性能试验	B10.1 空载试验	运转、制动情况			
154			操纵系统、电气控制系统工作情况			
155			沿轨道全长运行啃轨现象			
156			各种安全装置工作情况			
157		B10.2 额定载荷试验	机构运转情况			
158			主要受力结构件情况			
159			桥式起重机、门式起重机的挠度			
160		B10.3 升船机过船联合试验	试验项目、方法和要求			
161			各设备运行动作的准确性			
162			船只过坝过程中升船机整体运作的正确性、可靠性和安全性			
163			额定载荷试验			
164		B10.4 液压系统密封性能试验	新出厂或者大修、改造后的起重机械油缸回缩量、重物下降量，在用起重机械油缸回缩量（mm）			
165	B11 首检附加检验项目	B11.1 产品技术文件	起重机械设计文件			
166			产品技术文件和安全保护装置形式试验合格证明			
167		B11.2 作业环境和起重机外观	通向起重机械通道、起重机械上的通道和净空高度、梯子、栏杆			
168		B11.3 性能试验	静载荷试验			
169			动载荷试验			

| 检验： | | 日期： | | 检验： | | 审核： | |

4. 联合验收

根据《建筑施工塔式起重机安装、使用、拆卸安全技术规程》JGJ 196 规定："塔机安装后经自检、检验检测合格后，应由总承包单位组织出租、安装、使用、监理等单位进行验收（联合），并应按规定填写验收表，合格后方可使用。"详见表 9-5。

塔式起重机安装联合验收记录表

表 9-5

工程名称						
塔式起重机	型号		设备编号		起升高度	m
	幅度	m	起重力矩	kN·m	最大起重量	t	塔高	m
与建筑物水平附着距离			m	各道附着间距	m	附着道数	

验收部位	验收要求	结果
塔式起重机结构	部件、附件、连接件安装齐全，位置正确	
	螺栓拧紧力矩达到技术要求，开口销完全撬开	
	结构无变形、开焊、疲劳裂纹	
	压重、配重的重量与位置符合使用说明书要求	
基础与轨道	地基坚实、平整，地基或基础隐蔽工程资料齐全、准确	
	基础周围有排水措施	
	路基箱或枕木铺设符合要求，夹板、道钉使用正确	
	钢轨顶面纵、横方向上的倾斜不大于 1/1000	
	塔式起重机底架平整度符合使用说明书要求	
	止挡装置距钢轨两端距离不小于 1m	
	行走限位装置距止挡装置距离不小于 1m	
	钢轨接头间隙不大于 4mm，接头高低差不大于 2mm	
机构及零部件	钢丝绳在卷筒上面缠绕整齐、润滑良好	
	钢丝绳规格正确，断丝和磨损未达到报废标准	
	钢丝绳固定和编插符合国家及行业标准	
	各部位润滑轮转动灵活、可靠，无卡塞现象	
	吊钩磨损未达到报废标准，保险装置可靠	
	各机构转动平稳，无异常响声	
	各润滑点润滑良好，润滑油牌号正确	
	制动器动作灵活、可靠，联轴节连接良好，无异常	
附着锚固	锚固框架安装位置符合规定要求	
	塔身与锚固框架固定牢靠	
	附着框、锚杆、附着装置等各种螺栓、锁轴齐全、正确、可靠	
	垫铁、楔块等零部件齐全、可靠	
	最高附着点下塔身轴线对支承面垂直度不得大于相应高度的 2/1000	
	独立状态或附着状态下最高附着点以上塔身轴线对支承面垂直度不得大于 4/1000	
	附着点以上塔式起重机悬臂高度不得大于规定要求	

185

塔式起重机	工程名称						
	型号		设备编号		起升高度		m
	幅度	m	起重力矩	kN·m	最大起重量	t	塔高　　m
	与建筑物水平附着距离			m	各道附着间距	m	附着道数

验收部位	验收要求	结果
电气系统	供电系统电压稳定、正常工作、电压 380×(1±10%)V	
	仪表、照明、报警系统完好、可靠	
	控制、操纵装置动作灵活、可靠	
	电气按要求设置短路和过电流、失压及零位保护。切断总电源的紧急开关符合要求	
	电气系统对地的绝缘电阻不大于 0.5MΩ	
安全限位与保险装置	起重量限制器灵敏、可靠，其综合误差不大于额定值的±5%	
	力矩限制器灵敏、可靠，其综合误差不大于额定值的±5%	
	回转限位器灵敏、可靠	
	行走限位器灵敏、可靠	
	变幅限位器灵敏、可靠	
	超高限位器灵敏、可靠	
	顶升横梁防脱钩装置完好、可靠	
	滑轮、卷筒上钢丝绳防脱装置完好、可靠	
	小车断绳保护装置灵敏、可靠	
	小车断轴保护装置灵敏、可靠	
环境	布设位置合理，符合施工组织设计要求	
	与架空线最小距离符合规定	
	塔式起重机的尾部与周围建（构）筑物及其外围施工设施之间的安全距离不小于 0.6m	
其他	对检测单位意见进行复查	

出租单位验收意见： 签章：　　　　　　日期：	安装单位验收意见： 签章：　　　　　　日期：
使用单位验收意见： 签章：　　　　　　日期：	监理单位验收意见： 签章：　　　　　　日期：
总承包单位验收意见： 　　　　　　　　　签章：　　　　　　日期：	

（三）塔机可靠性试验方法

1. 可靠性试验目的

（1）概述：可靠性试验是指对安装后塔机进行性能试验，试验的目的是检验塔机安装后的符合性，工作性能的达标性，通过性能试验判断安装后的塔机运行是否可靠。可靠性试验（亦称联合试验）由总承包单位组织塔机安装单位、使用单位、监理单位的相关人员进行。塔机可靠性试验与自检验和安装检验不同之处在于，前者是检验塔机安装后的符合性，后者是试验安装后塔机载荷状态下性能的符合性，安全装置的有效性，承载能力的可靠性。譬如，空载试验时，最大幅度允差为其设计值的±2%，最小幅度允差为其设计值的±10%，起升高度应不小于设计值。

（2）步骤：试验分为：空载试验、额定载荷试验、110%额定载荷动载试验、125%额定载荷静载试验四种。

2. 试验方法

（1）空载试验：塔机在空载状态下，进行起升、回转、变幅三个作业循环的空载试验。吊钩起升到最大起升高度位置，再下降到离地面约500~1500mm处，上升下降过程中各进行制动一至两次；行走式塔式起重机往返运行各20m；小车变幅在工作全幅度范围内往返各变幅一次；左右各转180°以上一次。此后检查：①操作系统、控制系统、联锁装置动作准确性和灵活性；②各行程限位器的动作准确性和可靠性；③各机构中无相对运动部位是否有漏油现象，有相对运动部位的渗漏情况，各机构运动的平稳性，是否有爬行、震颤、冲击、过热、异常噪声等现象；④试验中各机构动作应平稳、灵活、无异常现象。

（2）额定载荷试验：按表9-6进行。每一工况试验不少于三次。各参数的测定值取为三次测量的算术平均值。

塔机额定载荷试验　　　　　　　　　　　　　表 9-6

工况	试验方法					试验目的
	起升	变幅		回转	运行	
		动臂变幅	小车变幅			
最大幅度相应的额定起重量	在起升全程范围内以额定速度进行起升、下降，在每一起升、下降过程中进行不少于三次的正常制动	在最大幅度和最小幅度间，臂架以额定速度进行俯仰变幅	在最大幅度和最小幅度间，小车以额定速度进行两个方向的变幅	以额定速度进行左右回转。对不能全回转的塔机，应超过最大回转角	以额定速度往复行走。臂架垂直于轨道，吊重离地500mm左右，往返运行不小于20m	测量各机构的运动速度；机构及司机室噪声；力矩限制器、起重量限制器精度
最大额定起重量相应的最大幅度		—	在最小幅度和对应该起重量允许的最大幅度间，小车以额定速度进行两个方向的变幅			
具有多挡变速的起升机构，每挡速度允许的额定起重量			—			测量每挡工作速度

注：1. 对设计规定不能带载变幅的动臂式塔机，可不按本表规定进行带载变幅试验。

2. 对可变速的其他机构，应进行试验并测量各挡工作速度。

　　（3）110%额定载荷动载试验：按表 9-7 进行。每一工况试验不少于三次。每一次的动作停稳后再进行下一次启动。

工况	试验方法					试验目的
	起升	变幅		回转	运行	
		动臂变幅	小车变幅			
最大幅度相应额定起重量的110%	在起升全程范围内以额定速度进行起升、下降	在最大幅度和最小幅度间，臂架以额定速度进行俯仰变幅	在最大幅度和最小幅度间，小车以额定速度进行两个方向的变幅	以额定速度进行左右回转。对不能全回转的塔机，应超过最大回转角	以额定速度往复行走。臂架垂直于轨道，吊重离地500mm左右，往返运行不小于20m	根据设计要求进行组合动作试验，并目测检查各机构运转的灵活性和制动器的可靠性。卸载后检查机构及结构各部件有无松动和破坏等异常现象
起吊最大额定起重量的110%，在该吊重相应的最大幅度时		—	在最小幅度和对应该起重量允许的最大幅度间，小车以额定速度进行两个方向的变幅			
在上两个幅度的中间幅度处，相应额定起重量的110%						
具有多挡变速的起升机构，每挡速度允许的额定起重量的110%		—				

对设计规定不能带载变幅的动臂式塔机，可不按本表规定进行带载变幅试验

（4）125%额定载荷静载试验：按表 9-8 进行，试验时臂架分别位于与塔身成 0°和 45°的两个方位。

125％额定载荷静载试验　　　　　　　　表 9-8

工况	试验方法	试验目的
最大幅度相应额定起重量的 125％	起升额定载荷，离地 100～200mm，停稳后，逐次加载至 125％，测量载荷离地高度，停留 10min 后同一位置测量并进行比较	检查制动器可靠性，并在卸载后目测检查塔机是否出现可见裂纹、永久变形、油漆剥落、连接松动及其他可能对塔机性能和安全有影响的隐患
起吊最大额定起重量的 125％，在该吊重相应的最大幅度时		
在上两个幅度的中间幅度处，相应额定起重量的 125％		

注：1. 试验时不允许对制动器进行调整；

　　2. 试验时允许对力矩限制器、起重量限制器进行调整。试验后应重新将其调整到规定值。

（5）要求：整机可靠性试验时，塔式起重机可靠性试验的循环次数和试验工况吊钩以额定变幅速度由最大幅度至最小幅度，再由最小幅度至最大幅度为一个作业循环。在试验循环内，制动后再起升时吊重砝码不应有明显的下滑现象。相邻两次起重作业循环中，回转运动应按不同的方向进行。当某工作机构的试验循环次数达到表 9-6 规定值时，以后的试验中可不进行该机构的作业循环。在按表 9-6 工况进行两个机构的同时动作时，出现一个机构先完成规定的动作，要等另一个机构也完成规定的动作后，再按顺序进行下一个动作。

（四）塔机安装拆卸管理规定

1. 管理编制依据

（1）《中华人民共和国特种设备安全法》（［2013］主席令第 4 号）

（2）《危险性较大的分部分项工程安全管理办法》（建质［2009］87 号令）

（3）《建筑起重机械安全监督管理规定》（住建部〔2008〕第 166 号令）

（4）《建筑起重机械备案登记办法》（建质〔2008〕76 号）

（5）《建筑施工特种作业人员管理规定》（建质〔2008〕75 号）

（6）《建筑施工塔式起重机安装、使用、拆卸安全技术规程》JGJ 196

（7）《塔式起重机安全规程》GB 5144

（8）《起重机　钢丝绳　保养、维护、检验和报废》GB/T 5972

（9）《起重设备安装工程施工及验收规范》GB 50278

（10）《生产经营单位生产安全事故应急预案编制导则》GB/T 29639

（11）《塔式起重机混凝土基础工程技术规程》JGJ/T 187

（12）《建筑塔式起重机安全监控系统应用技术规程》JGJ 332

（13）《建筑施工安全检查标准》JGJ 59

（14）《起重吊运指挥信号》GB 5082

（15）《×××××工程项目施工组织设计》

（16）《QTZ80（TC569-6）型塔式起重机使用说明书》

2. 塔机安装拆卸单位的规定

（1）塔机安装、拆卸单位企业资质规定：《建筑施工塔式起重机安装、使用、拆卸安全技术规程》JGJ 196 规定，塔式起重机安装、拆卸单位必须具有从事塔式起重机安装、拆卸业务的资质。起重设备安装工程专业承包资质分为一级、二级、三级。①一级企业：可承担各类起重设备的安装与拆卸。②二级企业：可承担单项合同额不超过企业注册资本金 5 倍的 1000kN·m 及以下塔式起重机等起重设备、120t 及以下起重机和龙门吊的安装与拆卸。③三级企业：可承担单项合同额不超过企业注册资本金 5 倍的 800kN·m 及以下塔式起重机等起重设备、60t 及以下起重机和龙门吊的安装与拆卸。顶升、加节、降节等工作均属于安装、拆卸范畴。

（2）塔机安装、拆卸单位建立安全保障体系规定：①塔式起重机安装、拆卸单位应具备安全管理保证体系，有健全的安全管理制度。②专业单位的基本管理制度包括：转场保养、安装拆卸前维修、保修制度，员工的培训制度，周期检查制度，安装、拆卸中的检验监督制度等。③根据《建筑施工企业安全生产管理机构设置及专职安全生产管理人员配备方法》（建质〔2004〕213号），塔式起重机安装、拆卸单位应配备相应的技术和管理人员，保证建筑施工特种作业人员操作资格的有效性和岗位能力的可靠性。

（3）塔机安装、拆卸单位应当履行下列安全职责：

1）按照安全技术标准及塔式起重机性能要求，编制塔式起重机安装、拆卸工程专项施工方案，技术负责人签字报总承包单位审核。

2）按照安全技术标准及安装使用说明书等检查塔式起重机及现场施工条件。

3）组织安全施工技术交底并签字确认。

4）制订塔式起重机安装、拆卸工程突发事故专项应急救援预案或现场应急处置方案。

5）将塔机安装、拆卸人员名单，安拆时间等材料报施工总承包单位和监理单位审核。

6）履行塔机安装告知手续，塔机安装资料报审通过后，塔机安装单位向塔机安装所在地县级以上地方人民政府建设主管部门履行告知手续。

7）负责按照塔式起重机安装、拆卸专项施工方案及安全操作规程组织施工；安装单位的专业技术人员、专职安全生产管理人员应当进行现场监督，技术负责人应当定期巡查。

8）在风速达到9.0m/s（五级）及以上大风或大雨、大雪、大雾等恶劣天气时，严禁进行起重机械的安装、拆卸作业。风力等级与风速对照关系，见表9-9。

<table>
<tr><td colspan="7" style="text-align:center">风力等级与风速对照</td><td>表 9-9</td></tr>
</table>

风力（级）	1	2	3	4	5	6
风速范围（m/s）	0.3～1.5	1.6～3.3	3.4～5.4	5.5～7.9	8.0～10.7	10.8～13.8
风力（级）	7	8	9	10	11	12
风速范围（m/s）	13.9～17.1	17.2～20.7	20.8～24.4	24.5～28.4	28.5～32.6	32.7 以上

9）塔机安装完毕后，安装单位应当按照安全技术标准及安装使用说明书的有关要求对塔式起重机进行自检、调试和试运转。

10）自检合格后，安装单位委托具有相应资质的检验检测机构进行安装验收检验，负责对检验不合规项进行整改，直至取得检验合格证。

11）发现有下列情形之一的塔机，安装单位不得安装：

① 属国家明令淘汰或者禁止使用的。

② 超过安全技术标准或者制造厂家规定的使用年限的。

③ 经检验达不到安全技术标准规定的。

④ 没有完整安全技术档案的。

⑤ 没有齐全、有效的安全保护装置的。

⑥ 重要结构件因锈蚀、磨损引起壁厚减薄达到原壁厚10%的。

12）安装单位应当建立塔式起重机安装、拆卸工程技术档案，其技术档案应包括以下资料：①安装、拆卸合同及安全协议书；②安装、拆卸工程专项施工方案；③安全施工技术交底的有关资料；④安装工程验收资料；⑤安装、拆卸工程突发事故应急救援预案。

3. 塔机使用单位的规定

（1）施工总承包单位应当履行下列安全职责：

1）向安装单位提供拟安装设备位置的基础施工资料，确保塔式起重机进场安装、拆卸所需的施工条件。

2）施工总承包单位应当与安装单位签订建筑起重机械安装拆卸、维护保养工程项目安全协议书。

3）总承包单位应组织安装、经理、使用、租赁单位对安装后的塔机（包括顶升加节）进行联合验收。

4）审核塔式起重机的特种设备制造许可证、产品合格证、备案证明等文件；并建立塔机产品、安装、运行、维保技术档案。

5）审核安装单位、使用单位的资质证书、安全生产许可证，并在其资质许可范围内承揽塔机安装、拆卸工程，审核特种作业人员的特种作业操作资格证书。

6）审核安装单位制订的塔式起重机安装、拆卸工程专项施工方案和塔机安装、拆卸事故应急救援预案；审核使用单位制订的塔机运行安全事故应急救援预案；定期组织塔机使用、安拆应急预案演练。

7）指定专职机械员和安全员监督检查塔机安装、拆卸、使用、维护保养情况。

8）同一现场安装多台塔式起重机作业时，应当组织制订并实施防止塔式起重机相互碰撞的安全措施。

（2）塔机使用单位应当履行下列安全职责：

塔机使用单位：工程项目实行总承包的，塔机一般由分包单位为塔机使用单位；工程项目只有一个单位施工的，无可非议就是塔机使用单位。具有一定规模的施工项目均实行总承包施工管理模式。

塔机租赁合同：无论是"光机合同"还是"人机合同"，总承包单位应负责监督管理，分包单位应负责日常运行管理。"光机合同"是指塔机租赁单位负责提供塔机，不提供操作人员。"人机合同"是指塔机租赁单位既负责提供塔机，又负责提供操作人员。区别在于，前者负责塔机运行过程的全部安全责任，后者对塔机运行过程的安全责任区别对待。

1）自塔机安装检验合格之日起 30 日内，将塔机安装检验资料、塔机安全管理制度、特种作业人员名单等，向塔机所在地县级以上地方人民政府建设主管部门办理塔机使用备案登记。未经验收合格、未办理备案登记手续不得使用。备案登记标志置于塔机的显著位置。

2）指定专职设备管理人员对塔机运行状态进行监督检查；检查包括对安全保护装置、吊具、索具等进行经常性和定期的检查、维护和保养，并做好记录。

3）在塔机租期结束后，应当将定期检查、维护和保养记录移交出租单位。塔机租赁合同对塔机的检查、维护、保养另有约定的从其约定。

4）塔机在使用过程中需要附着的、顶升加节的，使用单位应当委托原安装单位或者具有相应资质的安装单位按照专项施工方案实施，并按照规定组织验收。

5）根据不同施工阶段、周围环境及季节气候变化，对塔机采取相应的安全防护措施。

6）在塔机活动范围内设置明显的安全警示标志，对集中作业区做好安全防护；禁止擅自在塔式起重机上安装非原制造厂制造的标准节和附着装置，不得在标准节上附着广告牌之类的阻风装置。

7）塔式起重机出现故障或者发生异常情况的，立即停止使用，消除故障和事故隐患后，方可重新投入使用。

4. 对监理单位的规定

（1）负责对塔机安装拆卸工、起重信号工、起重司机、司索工等特种作业人员的有效资格进行验证。

（2）监理单位应当履行下列安全职责：

1）审核塔机特种设备制造许可证、产品合格证、备案证明等文件。

2）审核塔机安装单位、使用单位的资质证书、安全生产许可证和特种作业人员的特种作业操作资格证书。

3）审核塔式起重机安装、拆卸工程专项施工方案。

4）监督安装单位执行塔机安装、拆卸工程专项施工方案情况。

5）监督检查塔机的使用情况；参加塔机安装后和顶升加节后的联合验收。

6）发现存在生产安全事故隐患的，应当要求安装单位、使用单位限期整改，对安装单位、使用单位拒不整改的，及时向建设单位报告。

5. 对建设单位的规定

（1）依法发包给两个及两个以上施工单位的工程，不同施工单位在同一施工现场使用多台塔式起重机作业时，建设单位应当协调组织制订防止塔式起重机相互碰撞的安全措施。

（2）安装单位、使用单位拒不整改生产安全事故隐患的，建设单位接到监理单位报告后，应当责令安装单位、使用单位立即停工整改。

（3）塔机在安装、拆卸或使用中发生危及人身安全的紧急情况时，建设单位应立即责令停止作业，并采取必要的应急措施后撤离危险区域。

（4）塔机安装、拆卸或使用中发生安全事故，应组织相关单位进行善后处理，配合行政主管部门调查处理。

6. 对塔机安装拆卸人员资格的规定

（1）依据《特种设备作业人员监督管理办法》（国家质量监督检验检疫总局令第 140 号）规定，塔式起重机安装、拆卸属于特种设备作业，从事特种设备作业的人员应当按照本办法的规定，经考核合格后取得《特种设备作业人员证》，方可从事相应的作业或者管理工作。特种设备安全管理负责人取 A1 证；特种设备质量管理负责人取 A2 证；起重机械安全管理取 A5 证；

起重机械安装维修取 Q1 证；起重机械电气安装维修取 Q2 证。《特种设备作业人员证》每四年复审一次。

（2）依据《建筑起重机械安全监督管理规定》（住建部令第 166 号）和《建筑施工特种作业人员管理规定》（建质 [2008] 75 号）规定，在建筑房屋和市政建筑工地从事塔式起重机安装、拆卸工作的相关人员，包括建筑起重机械安装拆卸工、起重信号工、起重司机、司索工等特种作业人员应当经建设主管部门考核合格，并取得特种作业操作资格证书后（以下简称"资格证书"），方可上岗作业。资格证书有效期为两年。

（3）申请从事塔机安装、拆卸的特种作业人员，应当具备下列基本条件：

1）年满 18 周岁且符合相关工种规定的年龄要求。

2）经医院体检合格且无妨碍从事相应特种作业的疾病和生理缺陷。

3）初中及以上学历。

4）符合相应特种作业需要的其他条件。

（4）塔机安装、拆卸人员岗位能力应符合以下条件：

①具有资格证书；②年龄大于 18 周岁；③适应该项工作，特别是视力、听力、灵活性和反应能力；④具备安全搬运重物，包括安装塔机的体力；⑤能够登高作业；⑥具有估计载荷质量、平衡载荷及判断距离、高度和净空的能力；⑦经过吊装及信号技术培训；⑧具有根据载荷情况选择吊具和附件的能力；⑨在塔机安装、拆卸以及所安装类型塔机的操作方面经过全面培训；⑩在所安装类型塔机的安全装置的安装和调试方面经过全面培训；⑪完全熟悉并掌握制造商使用说明书中相关章节的要求；⑫能熟练并正确使用所有个人安全防护装备。

（5）用人单位塔机安装、拆卸人员应当履行下列职责：

1）与持有效资格证书的特种作业人员订立劳动合同。

2）制定并落实本单位特种作业安全操作规程和有关安全管理制度。

3）书面告知特种作业人员违章操作的危害。

4）向特种作业人员提供齐全、合格的安全防护用品和安全的作业条件。

5）组织塔机安装、拆卸人员参加年度安全继续教育培训，培训时间不少于 24h。

6）建立本单位特种作业人员管理档案。

7）查处特种作业人员违章行为并记录在档。

8）法律法规及有关规定明确的其他职责。

7. 塔机安装拆卸人员安全技术考核大纲

根据《关于建筑施工特种作业人员考核工作的实施意见》（建办质〔2008〕41 号）规定，塔式起重机安装、拆卸人员安全技术考试大纲包括：安全理论、专业基础知识、专业技术理论和实际操作技能。

（1）安全技术理论中安全生产基本知识包括以下内容：

①了解建筑安全生产法律法规和规章制度；②熟悉有关特种作业人员的管理制度；③掌握从业人员的权利、义务和法律责任；④掌握高处作业安全知识；⑤掌握安全防护用品的使用；⑥熟悉安全标志、安全色的基本知识；⑦了解施工现场消防知识；⑧了解现场急救知识；⑨熟悉施工现场安全用电基本知识。

（2）安全技术理论中专业基础知识包括以下内容：

①熟悉力学基本知识；②了解电工基础知识；③熟悉机械基础知识；④熟悉液压传动知识；⑤了解钢结构基础知识；⑥熟悉起重吊装基本知识。

（3）安全技术理论中专业技术理论包括以下内容：

①了解塔式起重机的分类；②掌握塔式起重机的基本技术参数；③掌握塔式起重机的基本构造和工作原理；④熟悉塔式起重机基础、附着及塔式起重机稳定性知识；⑤了解塔式起重机总装配图及电气控制原理知识；⑥熟悉塔式起重机安全防护装置的构造和工作原理；⑦掌握塔式起重机安装、拆卸的程序、

方法；⑧掌握塔式起重机调试和常见故障的判断与处置；⑨掌握塔式起重机安装自检的内容和方法；⑩了解塔式起重机维护保养的基本知识；⑪掌握塔式起重机主要零部件及易损件的报废标准；⑫掌握塔式起重机安装、拆除的安全操作规程；⑬了解塔式起重机安装、拆卸常见事故原因及处置方法；⑭熟悉《起重吊运指挥信号》GB 5082 的内容。

（4）实际操作技能包括以下内容：

①掌握塔式起重机安装、拆卸前的检查和准备；②掌握塔式起重机安装、拆卸的程序、方法和注意事项；③掌握塔式起重机调试和常见故障的判断；④掌握塔式起重机吊钩、滑轮、钢丝绳和制动器的报废标准；⑤掌握紧急情况处置方法。

（5）塔机安装、拆卸人员考核：

① 安全技术理论考核，采用闭卷笔试方式。考核时间为 2h，实行百分制，60 分为合格。其中，安全生产基本知识占 25％、专业基础知识占 25％、专业技术理论占 50％。

② 安全操作技能考核，采用实际操作（或模拟操作）、口试等方式。考核实行百分制，70 分为合格。

③ 安全技术理论考核不合格的，不得参加安全操作技能考核。安全技术理论考试和实际操作技能考核均合格的，为考核合格。

（6）塔机安装、拆卸实际考试：

1）考核设备和器具：①QTZ 型塔机一台（5 节以上标准节），也可用模拟机；②辅助起重设备一台；③专用扳手一套，长、短吊、索具各一套，铁锤 2 把，相应的卸扣 6 个；④水平仪、经纬仪、万用表、拉力器、30m 长卷尺、计时器；⑤个人安全防护用品。

2）考核方法：每 6 位考生一组，在实际操作前口述安装或顶升全过程的程序及要领，在辅助起重设备的配合下，完成以下作业：

① 塔式起重机起重臂、平衡臂部件的安装，安装顺序：安

装底座→安装基础节→安装回转支承→安装塔帽→安装平衡臂及起升机构→安装 1~2 块平衡重（按使用说明书要求）→安装起重臂→安装剩余平衡重→穿绕起重钢丝绳→接通电源→调试→安装后自验。

② 塔式起重机顶升加节，顶升顺序：连接回转下支承与外套架→检查液压系统→找准顶升平衡点→顶升前锁定回转机构→调整外套架导向轮与标准节间隙→搁置顶升套架的爬爪、标准节踏步与顶升横梁→拆除回转下支承与标准节连接螺栓→顶升开始→拧紧连接螺栓或插入销轴（一般要有 2 个顶升行程才能加入标准节)→加节完毕后油缸复原→拆除顶升液压线路及电气。

3）考核时间：120min。具体可根据实际考核情况调整。

4）考核评分标准：①实际考试科目 1，塔式起重机起重臂、平衡臂部件的安装，满分 70 分。考核评分标准见表 9-10，考核得分即为每个人得分，各项目所扣分数总和不得超过该项应得分值。②实际考试科目 2，塔式起重机顶升加节，满分 70 分。考核评分标准见表 9-11，考核得分即为每个人得分，各项目所扣分数总和不得超过该项应得分值。

塔机安装实际考核科目 1 评分标准   表 9-10

序号	扣分标准	应得分值
1	未对器具和吊索具进行检查的，扣 5 分	5
2	底座安装前未对基础进行找平的，扣 5 分	5
3	吊点位置确定不正确的，扣 10 分	10
4	构件连接螺栓未拧紧或销轴固定不正确的，每处扣 2 分	10
5	安装 3 节标准节时未用（或不会使用）经纬仪测量垂直度的，扣 5 分	5
6	吊装外套架索具使用不当的，扣 4 分	4
7	平衡臂、起重臂、配重安装顺序不正确的，每次扣 5 分	10
8	穿绕钢丝绳及端部固定不正确的，每处扣 2 分	6
9	制动器未调整或调整不正确的，扣 5 分	5
10	安全装置未调试的，每处扣 5 分； 调试精度达不到要求的，每处扣 2 分	10
	合计	70

序号	扣分标准	应得分值
1	构件连接螺栓未紧固或未按顺序进行紧固的，每处扣2分	10
2	顶升作业前未检查液压系统工作性能的，扣10分	10
3	顶升前未按规定找平衡的，每次扣5分	10
4	顶升前未锁定回转机构的，扣5分	5
5	未能正确调整外套架导向轮与标准节主弦杆间隙的，每处扣5分	15
6	顶升作业未按顺序进行的，每次扣10分	20
合计		70

塔机安装实际考核科目2评分标准   表9-11

十、塔式起重机安装拆卸事故案例

塔式起重机安装、拆卸是一项风险性极大的施工项目，根据《危险性较大的分部分项工程安全管理办法》规定，塔式起重机安装、拆卸属于重点管控的危险性较大的施工项目，管控的目的是保证塔机安装质量达标，防止缺陷或隐患存在，同时也要防止在安装、拆卸中违章作业造成事故或事故隐患出现。

（一）塔式起重机违规安装拆卸隐患实例

塔机安装时，作业人员往往忽视塔机安装专项方案的要求，忽视安全技术规范的规定，忽视塔机安装缺陷纠编将导致事故的后果，以下既是既往客观实例，也是应当引以为戒的教训，更是今后安装中应当避免的现象。

1. 塔机基础安装缺陷

（1）塔机违规安装在严重空虚的基础上，在使用中极易倾覆，如图 10-1 所示。

图 10-1　塔机基础缺陷

（2）违规将标准节预埋在混凝土基础中，标准节根部极易锈蚀降低塔机抗倾覆能力，如图 10-2 所示。

图 10-2　违规将塔机标准节作为预埋件

（3）塔机基础节浸泡在深水之中，司机通道无防护；底座浸泡在水中，电缆凌乱受压且浸泡在水中，塔机基础无排水沟，如图 10-3 所示。

图 10-3　塔机基础节浸泡在深水之中；塔机基础无排水沟

（4）塔机基础节和电缆浸泡在水中，人员触及可能漏电的水中，极易造成触电事故，如图 10-4 所示。

（5）塔机地基平整度超标违规采取螺纹钢找平；基础节与地基安装空虚，如图 10-5 所示。

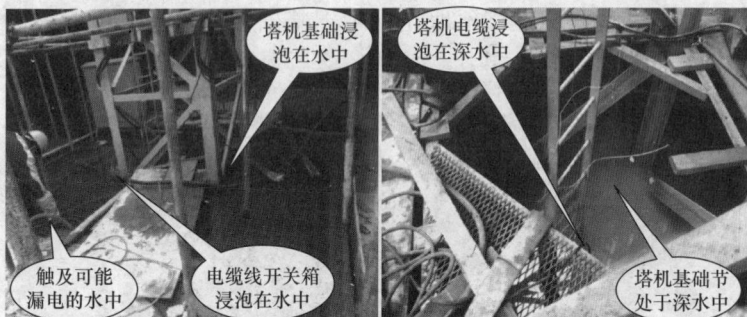

图 10-4　塔机基础节和电缆浸泡水中

图 10-5　塔机基础节安装缺陷

（6）底架螺栓松动、底架涉水、电缆凌乱，塔机基础周边无排水沟，电缆乱拉乱接，如图 10-6 所示。

图 10-6　塔机基础周边无排水沟

（7）塔机安装在多处裂纹的装配式基础上，基础节严重锈蚀；装配式塔机基础存在难以发觉的松动螺栓，如图10-7所示。

图 10-7 装配式塔机基础多处裂纹

（8）塔机底座被淹没，周边大量易燃物（木屑），塔机基础周边无排水沟；违规切割底座螺栓孔，降低塔机底架强度，如图10-8所示。

图 10-8 降低塔机底架强度的违规切割，塔机基础被易燃物淹没

（9）底座螺栓无扭矩，螺栓下部无垫片，违规使用无强度砂浆找平；基础与道路无安全距离，开关箱安装缺陷，电缆凌乱，如图10-9所示。

2. 塔机基础节和标准节安装缺陷

（1）塔机基础节未安装斜撑杆，凌乱的电缆浸泡在水中，基础节浸泡在水中；标准节与脚手架违规连接，如图10-10所示。

图 10-9 底座螺栓无扭矩，基础与道路无安全距离

图 10-10 塔机未安装斜撑杆，标准节与脚手架违规连接

（2）悬臂高度超标且倾斜，标准节与基础节错位安装，如图 10-11 所示。

图 10-11 悬臂高度超标且倾斜，标准节与基础节错位安装

（3）安装非同一规格的标准节，标准节无扭矩且无垫片，如图 10-12 所示。

图 10-12　安装非同一规格的标准节，标准节无扭矩且无垫片

（4）标准节与电缆挤压摩擦，标准节与槽钢违规倚靠摩擦；标准节与脚手架违规倚靠摩擦，如图 10-13 所示。

图 10-13　标准节与槽钢违规倚靠摩擦；标准节与脚手架违规倚靠摩擦

（5）违规安装变形起重臂，违规安装缺陷起重臂，如图 10-14 所示。

（6）违规安装严重缺陷的标准节，违规使用不配套的标准节，如图 10-15 所示。

（7）轴销不配套且违规处置，拉杆轴销未安装挡板，如图 10-16 所示。

违规安装
缺陷起重臂

违规安装
变形起重臂

图 10-14　违规安装变形起重臂，违规安装缺陷起重臂

违规安装严重
缺陷的标准节

违规使用不
配套的标准节

图 10-15　违规安装严重缺陷的标准节，违规使用不配套的标准节

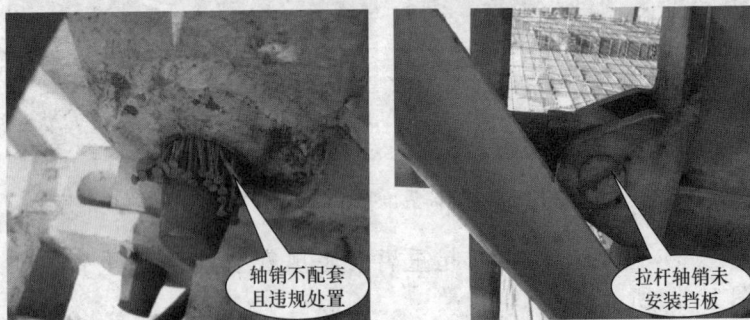

轴销不配套
且违规处置

拉杆轴销未
安装挡板

图 10-16　轴销不配套且违规处置，拉杆轴销未安装挡板

（8）标准节高强螺栓违规多次重复使用，高强螺栓未紧固导致回转机构倾覆，如图 10-17 所示。

图 10-17 标准节高强螺栓违规多次重复使用，高强螺栓未紧固导致倾覆

（9）违规使用钢丝代替开口销，标准节高强螺栓严重锈蚀，如图 10-18 所示。

图 10-18 违规使用钢丝代替开口销，标准节高强螺栓严重锈蚀

3. 塔机附墙架安装缺陷

（1）附墙架水平倾角违规超过 8°，违规焊接附墙架，附墙架扭曲歪斜，如图 10-19 所示。

（2）违规安装无调节装置的附墙架，违规安装环境缺陷的附墙架，如图 10-20 所示。

（3）附墙架不吻合、不紧固，螺栓长度不足；附墙架固定螺栓安装错位，如图 10-21 所示。

（4）违规采用钢管代替附墙架；附墙架无框架，附墙架违规设置，如图 10-22 所示。

附墙架水平倾角
违规，超过8°

附墙架扭曲歪斜　　违规焊接附墙架

图 10-19　附墙架水平倾角违规超过 8°，违规焊接附墙架，
附墙架扭曲歪斜

违规安装无调节
装置的附墙架

违规安装焊接
缺陷的附墙架

图 10-20　违规安装无调节装置的附墙架，违规安装环境缺陷的附墙架

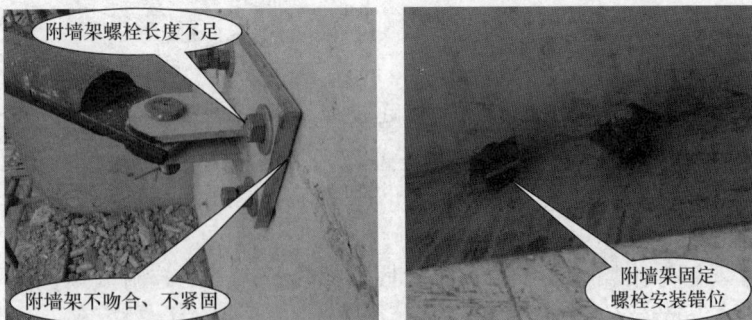

附墙架螺栓长度不足

附墙架不吻合、不紧固

附墙架固定
螺栓安装错位

图 10-21　附墙架不吻合不紧固，螺栓长度不足；
附墙架固定螺栓安装错位

图 10-22　违规采用钢管代替附墙架；附墙架无框架，附墙架违规设置

（5）违规安装焊接缺陷的附墙架，附墙架外框倾斜超标，如图 10-23 所示。

图 10-23　违规安装焊接缺陷的附墙架，附墙架外框倾斜超标

4. 塔机安全距离不足

（1）两台塔机之间安全距离不足 2m，塔机尾部与物体之间不足 0.6m，如图 10-24 所示。

（2）塔机回转半径存在电缆障碍，塔机与高压线安全距离不足，如图 10-25 所示。

（3）平衡块悬挂安全距离不足 2/3，缺乏塔机高度限制器吊钩冒顶，如图 10-26 所示。

两台塔机之间安全距离不足2m

塔机尾部与物体之间不足0.6m

图 10-24　两台塔机之间安全距离不足 2m，塔机尾部与物体之间不足 0.6m

塔机回转半径电缆障碍

塔机与高压线安全距离不足

图 10-25　塔机回转半径存在电缆障碍，塔机与高压线安全距离不足

平衡块悬挂安全距离不足2/3

缺乏塔机高度限制器吊钩冒顶

图 10-26　平衡块悬挂安全距离不足 2/3；缺乏塔机高度限制器吊钩冒顶

5. 塔机安全及运行装置缺陷

（1）回转限位装置缺乏限位接触齿轮，力矩限制器缺乏接触调节杆，如图 10-27 所示。

图 10-27　回转限位装置缺乏限位接触齿轮，力矩限制器缺乏接触调节杆

（2）变幅钢丝绳防脱装置缺陷越出滑轮，钢丝绳防脱装置缺陷越出滑轮，如图 10-28 所示。

图 10-28　变幅钢丝绳防脱装置缺陷越出滑轮，钢丝绳防脱装置缺陷越出滑轮

（3）力矩传感器缺陷，无安全防护的作业人员登机通道，如图 10-29 所示。

（4）钢丝绳防脱装置损坏绳脱槽，顶升液压油缸漏油泄压，如图 10-30 所示。

力矩传感器缺陷

无安全防护的作业
人员登机通道

图 10-29　力矩传感器缺陷，无安全防护的作业人员登机通道

钢丝绳防脱
装置损坏

顶升油缸漏油泄压

图 10-30　钢丝绳防脱装置损坏绳脱槽，顶升液压油缸漏油泄压

（5）钢丝绳严重锈蚀，钢丝绳多处断丝，如图 10-31 所示。

钢丝绳严重锈蚀

钢丝绳多处断丝

图 10-31　钢丝绳严重锈蚀，钢丝绳多处断丝

（6）紧急特种开关按钮缺失，电缆违规缠绕重复折叠，如图 10-32 所示。

紧急停止开关按钮缺失

电缆违规缠绕重复折叠

图 10-32　紧急特种开关按钮缺失，电缆违规缠绕重复折叠

（7）防雷接地装置临时违规焊接，防雷接地线违规与底座焊接，如图 10-33 所示。

防雷接地装置临时违规焊接

防雷接地线违规与底座焊接

图 10-33　防雷接地装置临时违规焊接，防雷接地线违规与底座焊接

6. 塔机安装和使用过问题及隐患

（1）未系安全带高处冒险拆卸塔机轴销，未系安全带高处悬空作业，如图 10-34 所示。

（2）塔机套架上存放易燃品引发燃烧，驾驶室电气装置缺陷引发燃烧，如图 10-35 所示。

图 10-34　未系安全带高处冒险拆卸塔机轴销，未系安全带高处悬空作业

图 10-35　塔机套架上存放易燃品引发燃烧，驾驶室电气装置缺陷引发燃烧

　　（3）违规吊运物体从繁华区域经过，塔机安拆人员作业中均未系安全带，如图 10-36 所示。

图 10-36　违规吊运物体从繁华区域经过，塔机安拆人员作业中均未系安全带

（4）行走在无安全防护设置的附墙架上，安拆人员作业中未系安全带，如图 10-37 所示。

行走在无安全
防护设置的附墙架上

安拆人员作业
中未系安全带

图 10-37　行走在无安全防护设置的附墙架上，
安拆人员作业中未系安全带

（5）塔机无卸料平台中违规作业，未系安全带冒险拆卸塔机部件，如图 10-38 所示。

塔机无卸料平台
中违规作业

未系安全带
冒险拆卸塔机部件

图 10-38　塔机无卸料平台中违规作业，
未系安全带冒险拆卸塔机部件

（6）未系安全带违规安全检查，未系安全带冒险维护塔机，如图 10-39 所示。

（7）未系安全带攀爬登高塔机，未系安全带悬空高处维保作业，如图 10-40 所示。

图 10-39　未系安全带违规安全检查，未系安全带冒险维护塔机

图 10-40　未系安全带攀爬登高塔机，未系安全带悬空高处维保作业

（二）塔式起重机违章安装拆卸事故案例

1. 违规安装塔式起重机倒塌事故

（1）事故经过和救援情况

××××年12月3日，××××建筑起重机械安装拆有限公司负责人周×等人开始安装塔机，下午将回转塔架以下的底架及基础节安装好。12月4日7时，周×带领张×、严×、权×等4人与请来的一台汽车式起重机一同配合继续安装塔机。严×、张×在塔机上安装，周×、权×在下面配合，汽车式起

重机负责吊装部件。首先吊装了回转塔架，由在回转塔架上严×、张×二人先将回转塔架下支座底部外圈与顶升套架的上部用螺栓连好，违反相关要求未将回转塔架下支座底部内圈与塔身标准节顶部用螺栓连接；第二步，吊装了塔顶；第三步，吊装了平衡臂，第四步，吊装了平衡块并安装在平衡臂上。为了方便安装起重臂，周×、权×二人在地上试着用绳子拉动平衡臂向东侧转一个角度，二人未能拉动。周×指挥，权×将塔机旋转部分的电源接到离塔机北侧约50m的另一台塔机电源上，并根据周×和张×的指挥，开关电源使平衡臂间歇转动。11时15分左右，在平衡臂转动过程中，回转塔、平衡臂及塔顶向东侧倾翻，站在塔机上的张×、严×从12m左右高处坠落至地面。事发后，周×立即给120急救中心打电话请求救援，并向项目总包单位的项目经理王××报告。11时45分许，120急救车、项目总包单位的××公司负责人和××市政府及行政主管部门人员陆续赶到，张×经送医院抢救无效死亡。严×坠落后受伤。随即通知死者家属来现场，见证遗体保管过程。塔机倒塌事故现场，如图10-41所示。

图10-41　塔机倒塌事故现场

（2）事故原因及性质

1）直接原因：

××××建筑起重机械安装拆有限公司未按塔式起重机安

装专项方案施工，也未按塔机使用说明书要求擅自违规安装作业，安装过程中违章作业，在未将回转塔架的下支座与塔身标准节顶部锁紧的情况下，即牵引平衡臂回转，导致塔机回转塔架以上包括平衡臂、司机室、塔顶在不平衡力矩和水平载荷的作用下向一侧倾覆。

2）间接原因：

① 塔式起重机安装拆卸企业负责人周×在此次安装作业前未对现场作业人员进行专项方案技术交底，塔式起重机安装专项方案流于形式，未认真贯彻和执行；针对性的安全教育和培训不到位，作业人员安全技术知识缺乏。

② 从业人员缺乏有效的岗位资格，安装时没有起重指挥信号工现场指挥，塔机安装工权×、严×无证上岗。

③ 安装现场安全管理不到位，现场安装塔机只有企业负责人一人在现场，且技术负责人、安全监管人员、质量管理者、机械管理人员均由塔机安装单位的企业负责人一人担任。

④ 现场安全不到位，安全教育和培训不到位，塔机安装从业人员没有具备必要的安全生产知识，以至于什么是违规作业全然不知。

⑤ 经现场勘察，塔机安装施工现场未设置安全警示标示，未设置塔机安装作业安全注意事项。

⑥ 监理监督管理不到位，事故发生时，现场无监理人员旁站监控，安装前未对安装单位作业人员资格进行审核，无专项施工方案的情况下未及时制止。

(3) 整改措施建议

1）塔机安装单位要认真贯彻落实《国务院关于进一步加强企业安全生产工作的通知》等一系列文件精神，切实落实企业安全生产主体责任，通过本次事故教训，举一反三，严防类似事故再次发生。

2）该公司要吸取这次事故教训，进一步落实安全生产主体责任，建立健全各项安全生产管理制度，各类人员必须严格作业规程，强化对员工针对性的安全生产培训教育，不断提高员工的安全生产意识，防止生产安全事故的发生。

3）监理单位要严格落实责任制，认真履行监理职责，强化管理手段，加强对现场监理人员的监督管理工作，对施工过程中的重点部位和重点环节加强巡查、巡检，切实加强现场监控和技术指导，对存在安全隐患的部位要加强监管并提出切实可行的整改措施，确保工程质量和安全。

4）建设部门要加强建设项目资质资格审查，特别是对工程监理单位加强管理，严格建设项目准入程序，盯住违法行为不放，监控建设过程的不规范行为，对建设领域存在的安全隐患，要强令排除，对无法保障安全的设备，要强令拆除。

2. 违规拆卸塔式起重机倒塌事故

（1）事故经过和救援情况

2012 年 8 月 11 日 10 时 40 分许，××市发生一起塔式起重机倒塌事故，造成 3 人死亡。塔式起重机倒塌事故，如图 10-42 所示。

图 10-42 "8·11" 塔式起重机倒塌事故现场

2012 年 8 月 10 日 19 时，×××建筑工程有限责任公司租用祁××的汽车式起重机，由祁××、李××、侯××和驾驶员陈××送到×××公司在××市×××园小区 3 号楼的塔机拆卸现场。8 月 11 日早晨祁××派汽车式起重机驾驶员陈××和李××、侯××于 6 时 30 分对汽车式起重机进行加固整理后，李××民、侯××随即离开。8 时许，×××小区 3 号楼建设项目项目经理鲁××指挥民工车××、韩××、王××、杨××、张××五人用租来的汽车式起重机配合拆卸塔机，由杨××和张××到固定塔机的楼房顶，协助塔机上的车××、韩××、王××三人拆卸作业。拆下平衡端五块平衡块中的三块和吊臂端两节吊臂后，10 时 40 分许，第三节吊臂正在起吊，杨××和张××用绳子拉住长臂转方向。此刻，TASH QZHJ 自上而下第五标准节处折断，塔机吊臂、驾驶室发生纵向 180°翻转，从标准节折断处砸向地面，汽车式起重机车大臂第五节同时被拉折，挂钩滑脱。车××、韩××、王××随塔机摔落。车××摔到工商银行杂物间房顶，砸穿房顶掉进杂物间，韩××、王××坠落在砸下来的塔机吊臂旁边，三人当场死亡。

事发后，鲁××立即给 120 急救中心打电话请求救援，并向××公司经理王××报告。10 时 45 分许，120 急救车、××公司负责人和××市政府及有关部门人员陆续赶到，确认三人死亡，诊断结果经公安部门鉴定，随即通知死者家属来现场，见证遗体保管过程。事故发生后，当地人民政府立即采取紧急措施，做好遇难人员及家属的善后处置工作，并全面开展事故调查处理。根据国家有关法律法规规定，2012 年 8 月 11 日，成立事故调查组（下设综合协调、调查取证、善后处理三个小组），邀请当地人民检察院参加，开展事故调查工作。同时，委托省特种设备检验研究中心对事故进行技术分析。

(2) 事故原因及性质

1）直接原因：×××建筑工程有限责任公司×××分公司在没有拆卸方案的情况下，未按塔机使用说明书要求擅自违规拆卸作业，事故塔机一号主弦杆呈现陈旧性完全断裂、二号主弦杆部分呈现陈旧性断裂，是导致这起事故发生的直接原因。

2）间接原因：

① ×××建筑工程有限责任公司安全技术管理不到位，技术资料管理混乱，未按规定对事故塔机进行检测；没有到××市住建局登记备案；事故塔机技术资料档案丢失；2010 年 6 月 13 日塔机安装前没有编制安装专项施工方案，提供不出施工单位技术负责人、总监理工程师签字确认的资料；未经本单位技术机构或监理人员验收投入使用；没有编制塔机拆卸事故应急预案；对现场拆卸人员未采取任何安全保护措施。除车××（塔机司机，持有塔机操作证）外，其余拆卸人员均无塔机安装、拆卸操作证。

② ×××××工程建设监理有限责任公司履行职责不力，监理制度落实不到位，管理手段弱化；监理旁站管理不规范，存在未旁站的现象。在施工单位未提供事故塔机制造许可证、产品合格证、制造监督检验证明、备案证明等文件、事故塔机安装单位、使用单位的资质证书、安全生产许可证和特种作业人员特种作业操作证以及事故塔机安装、拆卸专项施工方案等相关资料的情况下，未及时督促施工单位提供上述资料并进行审核；对事故塔机安装情况在监理日志上记录不翔实，对不合格设备安装使用未加以制止；对事故塔机存在的安全隐患，没有按规定要求安装单位、使用单位限期整改。

③ 汽车式起重机所有人安全意识淡薄，对特种设备操作人员及其他员工未进行安全教育和培训，员工不具备必要的安全常识；汽车式起重机未经法定检验部门进行检验检测，未在特种设备监督管理部门办理备案；未与施工单位签订专门的安全生产管理协议。

④ ×××住建局履行监管职责不到位，虽然对存在的安全隐患下发了整改指令书，但未及时督促建设单位进行整改。

⑤ ×××质监局作为特种设备监察单位，在建设单位未向其申请检测的情况下，未及时向建设单位下发进行检验检测的

223

指令。

（3）事故性质

经调查分析认定，××市"8·11"建筑塔机倒塌事故是一起较大的生产安全责任事故。

（4）整改措施建议

1）建筑施工企业要认真贯彻落实《国务院关于进一步加强企业安全生产工作的通知》等一系列文件精神，切实落实企业安全生产主体责任，通过本次事故教训，举一反三，严防类似事故再次发生。加强企业安全管理，健全规章制度，层层落实安全生产责任，杜绝安全隐患，消除安全管理死角，时刻保持风险防范意识，切实提高企业安全生产水平。

2）监理单位要严格落实责任制，认真履行监理职责，强化管理手段，加强对现场监理人员的监督管理工作，对施工过程中的重点部位和重点环节加强巡查、巡检，切实加强现场监控和技术指导，对存在安全隐患的部位要加强监管并提出切实可行的整改措施，确保工程质量和安全。

3）建设部门要加强建设项目资质资格审查，特别是对工程监理单位加强管理，严格建设项目准入程序，盯住违法行为不放，监控建设过程的不规范行为，对建设领域存在的安全隐患，要强令排除，对无法保障安全的设备，要强令拆除。认真吸取这次事故教训，全面排查辖区内建筑塔机，逐一进行登记造册，对没有检测的塔机，督促施工单位积极向质监部门申请检测，确保安全生产。

4）质监部门要对全州特种设备安全状况开展执法监察，特别要加强对房屋建筑工地和市政工程工地用塔机及场（厂）内特种设备的管理实施安全检查，对没有申请检测特种设备的施工单位，严格按照法律法规规定督促特种设备使用单位加强特种设备安全管理，加大宣传力度，排查安全隐患。

5）要进一步提高乡镇、街道安全管理人员和主要负责人的安全意识和法律意识，特别要加强基层安全监察人员和企业主要负责人及安全管理人员的业务培训，使其熟悉法律法规、规范标准，切实把隐患消灭在萌芽状态。

3. 违规顶升塔式起重机倒塌事故

（1）事故概况

××××年11月18日13时35分，在××××市××××高新区B区5号楼工程施工时，塔机在顶升作业过程中，因指挥人员违章指挥操作变幅小车，操作人员在指挥人员的指挥下，司机违章操作变幅小车，调整吊臂平衡，使塔机平衡失稳，导致塔机吊臂、操作平台整体倾翻，从55m高处坠落，在塔机上的2名操作人员随塔机吊臂一起坠落至地面，当场死亡。在地面作业的2名工人也被坠落的塔臂当场砸死。塔机司机在塔臂倾覆瞬间从驾驶室跳至塔身扶墙处，手臂折断。事故造成4人死亡，1人受伤，直接经济损失×××余万元。

（2）事故原因及性质

1）直接原因：塔机在顶升过程中，指挥人员违章指挥操作变幅小车，操作人员在指挥人员的指挥下操作变幅小车，调整吊臂平衡，引起塔机平衡失稳，导致吊臂倾覆。违章作业是事故的直接原因。

2）间接原因：

① 塔机司机（塔机顶升的指挥人员）××××年年底私自改动电路，取消了原塔机的液压顶升时和操作室的变幅操作系统的自锁装置，埋下了重大事故隐患。致使在违章操作时自锁系统不起作用，是事故发生的重要原因。

② 塔机的所有人，将塔机交给雇佣司机管理操作，疏于安全教育和监督检查，未及时发现和制止司机改动塔机的安全装置，造成设备存在重大安全隐患。

③ 塔机使用单位未能及时发现和纠正设备存在的安全隐患以及检测单位、监理单位的工作不到位也是事故发生的原因。

(3) 专家点评

此次事故原因简单：主要存在五个方面的问题，一是违章私自改变塔机安全性能，塔机司机擅自于××××年年底私自改动电路，取消了原塔机的液压顶升时和操作室的变幅操作系统的自锁装置，埋下了重大事故隐患。二是塔机顶升中违章指挥，违反了《建筑施工塔式起重机安装、使用、拆卸安全技术规程》JGJ 196 第 3.4.6 条"顶升过程中，不应进行起升、回转、变幅等操作"的规定，塔机在顶升过程中，指挥人员违章指挥操作变幅小车。三是顶升中违章操作，操作人员在指挥人员的指挥下操作变幅小车，调整吊臂平衡，引起塔机平衡失稳，导致吊臂倾覆。四是现场管理混乱，塔机顶升作业属于塔机安装作业范畴，现场应当有监理旁站监控，然而，在无人问津的情况下，塔机司机既从事司机操作又同时指挥安装、拆卸人员进行塔机顶升作业，属于典型的"越俎代庖"。五是安全培训教育不到位，指挥和操作人员缺乏应有的安全基本知识，塔机顶升是危险性较大的作业项目，顶升过程中变幅小车，调整吊臂平衡，引起塔机平衡失稳是基本常识。特种设备使用单位应当加强对特种设备作业人员进行特种设备安全教育和培训，保证作业人员具备必要的安全作业知识。

4. 违规操作塔式起重机倒塌事故

(1) 事故概况

××××年 1 月 15 日上午 8 时 30 分左右，×××市××区××××××公司项目部一台 QTZ40D 塔机在使用过程中发生塔机整机倾覆事故，27 号楼部分脚手架倒塌，事故造成二人当场死亡，一人受伤。

1）塔机倾覆状态：塔机位于在建的 27 号、29 号楼之间靠近 27 号楼东南侧，塔机安装高度为 32m（属独立高度），起重臂长为 46m。塔机倒塌处位于垂直的标准节中部（腰部），第 5 节与第 6 节向西折弯成 90°状，严重扭曲变形，塔身上部及尾部整体倒塌横卧在 27 号楼 21 轴、25 轴交 F 轴、B 轴平台上。塔机倾覆状态，如图 10-43 所示。

图 10-43　塔机倾覆状态

起重臂折断倒塌在 27 号楼和 29 号楼中间，起重臂前端倒在 29 号楼 6 轴至 8 轴交 J 轴上，塔机吊运的一捆钢管着落点接近起重臂端部位置。塔机臂杆倒塌和起吊钢管状态，如图 10-44 所示。

图 10-44　塔机臂杆倒塌和起吊钢管状态

事故发生后，事故单位立即向×××市政府及相关部门报告。119 派消防官兵现场施救被控受伤人员。市安监局、××区、市建委、公安局等相关部门及时赶赴现场，指挥现场应急救援和善后处理工作，开展对倾覆的塔机和脚手架的施救清理工作。同时，组织事故调查组和技术组立即对事故展开调查。

2) 塔机施救清理：××××年1月18日，根据分工由建设单位、施工单位、安装单位、监理单位各负其责共同对倒塌的塔机和脚手架进行了现场施救清理，施救清理采用三台汽车式起重机，分六次将损坏的塔机分割后从脚手架上拆卸下来，再进行四次分割将损坏的塔机所有结构件和部件归类统一保存，对于主要部件由监理对其封存，施工单位和安装单位共同对其24h进行看管，确保了施救清理安全。

（2）事故调查

1) 吊物物证情况：经调查组、技术组和监理方代表对现场进行勘察，经塔机使用单位、安装单位、监理单位三方在事故调查组的监督下，共同对吊物委托第三方进行过磅核准，过磅质量为：钢管1.2t，吊钩和起重司索0.12t，合计为1.32t；对应该机使用说明书，起重臂位于42～45m时，最大承载能力为0.83t，塔机实际承载159%。结论：实际超载为59%。

2) 塔机物证情况：塔机施救清理前，调查组委托××省特种设备检验监测院×××分院现场核查，经技术鉴定，塔机安全装置无缺失，但是在事故中严重损坏无法鉴定其合规性，塔机标准节、起重臂、平衡臂、塔帽主结构以及钢丝绳未发现重量问题，损坏的标准节与其他标准节无明显差异。

3) 塔机使用合法性情况：经查，塔机产权单位提供的塔机证明文件齐全、有效，符合使用规定的条件，但是，尚未进行备案，距事故发生时不足30日，因此不作为追究责任理由。

4) 塔机使用前检测情况：经查，该塔机由××××公司检验检测，符合检测检验规定的程序和要求。塔机基础由××××公司检测，混凝土抗压强度达到设计强度的85%以上，符合安装条件。

5) 安装单位资质及人员资格情况：经查，该塔机由×××市××××公司安装，安装单位资质及安装、拆卸人员资格符合规定的条件。

6）塔机司机及起重指挥人员情况：经查，塔机司机属于使用单位雇用，塔机司机持有建设行政主管部门颁发的有效操作证书。现场无起重指挥信号工指挥作业，由作业班组根据需要自行绑扎物体吊运。

7）安全教育和技术交底情况：经查，项目部（塔机使用单位）未在作业前对塔机司机和相关人员进行岗前安全教育。

(3) 事故原因及性质

1）直接原因：超载驾驶，该塔机倾覆前采用二倍率起重性能，根据说明书规定和吊物落点判断，吊物处于 42～45m 时塔机最大承载能力为 0.83t，塔机实际承载 1.32t，超载达到 59%，违反"十不吊"中超载不吊的规定，违章超载操作是此次事故的直接原因。

2）间接原因：

① 塔机起重量限制器和力矩限制器可能失效的情况下操作，司机违章冒险作业。

② 现场安全检查不到位，塔机起重量限制器和力矩限制器的有效性没有明确检查记录。

③ 司索信号工安全意识淡薄、违章作业，没有按塔机规定的起重能力配备吊物。

④ 使用单位安全管理不到位，没有及时发现和制止违章超载行为，没有对塔机进行安全检查，没有及时告知安装单位消除安全隐患，没有按规定配备起重司索信号工，没有按规定对特种作业人员进行专业知识培训考试，没有按规定对安装后的塔机进行吊装能力和安全装置试运行。

⑤ 监理单位安全监控不到位，未能及时发现塔机司机违章超载的危害行为，未能及时发现塔机安全装置失效，未能及时制止起重司索信号工无证从事特种作业。

⑥ 安装单位跟踪服务不到位，塔机交付使用后没有主动与施工单位沟通了解塔机运行情况，没有主动到现场察看塔机工作性能情况、安全装置是否齐全有效，未掌握塔机运行安全信

息，未能及时消除塔机安全装置失效的隐患。

(4) 安全防范措施

1）塔机使用单位应加强塔机操作人员和起重指挥人员的安全培训教育，提高作业人员操作技术；配备起重指挥作业人员，并保证其持证上岗；加强塔机使用过程安全监管，及时制止违章作业、冒险作业；加强塔机使用安全性能的管理，特别是塔机安全装置的齐全性、有效性必须保证；按规定在 30 天之内及时办理塔机备案手续。

2）塔机安装维保单位应提高塔机运行中的服务工作效能，按规定每月不少于一次安全检查和全部维保，确保塔机安全性能达标，塔机运行无隐患。

3）监理单位应当提高对建筑起重机械安全监管的主动性，做到履行监管职责到位，及时提醒塔机使用单位办理塔机使用备案手续。

4）塔机司机和起重指挥操作人员应提高自身安全意识，提高职业技能水平，严格执行安全操作规程，做到操作过程无违章，班前塔机安全检查到位。

(三) 塔式起重机安全事故预防措施

1. 塔机作业中可能发生的事故

根据《企业职工伤亡事故分类》GB 6441 规定，从事塔机作业可能发生的事故种类有：触电、起重伤害、机械伤害、高处坠落、物体打击等五种。

（1）物体打击事故：是指从事特种设备作业活动过程中物体在重力或其他外力的作用下产生运动打击人体，造成人身伤害事故。包括塔机倾覆机体伤人，吊物捆绑不牢靠、吊物中心偏载物体滑落伤人，以及吊具、吊钩防脱钩有缺陷，塔机变幅或起升钢丝绳与滑轮组有缺陷等原因可能造成物体从高处坠落，塔机上工具、零部件、悬浮物从高空坠落致使人身伤害事故。

（2）起重伤害事故：是指在使用或安装塔式起重机作业中发生挤压、坠落、物体打击和触电事故。包括因超载、失稳、倾翻、过卷等产生结构断裂、倾倒，造成断臂、摔臂，或因操作失误或机械失灵造成塔式起重机臂杆倒塌伤人等事故。

（3）机械伤害事故：是指塔式起重机在运动过程中与人体接触引起的夹击、碰撞、剪切、卷入、绞、碾、割、刺等事故。包括司机维护保养和安装、拆卸作业中过失造成挤伤、压伤、击伤等机械伤害事故。

（4）高处坠落事故：指在从事高处作业（高度为基准面 2m 以上，含 2m）过程中造成的坠落事故。包括塔机司机或安装人员未按规定使用安全带，在塔机安装或维护中从高处坠落事故。

（5）触电事故：是指从事塔机作业过程中发生与高压电接触、或从事维修拆除安装作业人员与电接触而导致人身伤害触电事故。包括塔机电气设施漏电、雷电伤害事故。

2. 塔机作业事故预防措施

（1）物体打击事故预防

1）正确捆绑吊物：对吊物实施捆绑应由起重司索人员进行，捆绑吊挂方法应正确，吊物钢丝绳夹角不宜过大，过长的吊物应采用平衡梁，捆绑钢丝绳应加设保护装置以防钢丝绳被磕断，禁止在起吊物体上放置其他小型物件。

2）正确选择吊索具：吊索具必须具备规定的安全系数，正确选择平吊与立吊的吊具，吊钩应具备安全性，吊钩应有可靠的防脱钩装置。

3）严禁超荷载吊装：塔机超荷载运行极易造成臂杆和塔身的结构件变形或折臂事故，也会造成拉断吊索具事故，致使损坏构件直接打击到人体。

4）防止机体倾翻：塔机整机倾翻也会造成物体打击事故的发生，预防此类事故关键要在塔机安装、拆卸过程中杜绝"四违现象"，即违反操作规程、违背施工方案、违章指挥、违章作业。

5）保持塔机基础稳固：塔机抗倾覆能力的关键在于塔机基础，因此要严格按使用说明书的要求制作塔机基础，防止偷工减料、降低混凝土等级，平时要防止塔机基础附近开挖而导致滑坡位移，防止基础积水而产生不均匀的沉降等。

6）保持多塔作业安全距离，要严格按照多台塔机运行控制方案实施，司机操作不允许突破运行控制原则，作业过程中应防止吊物或起吊钢丝绳相互碰挂、缠绕，防止塔机相互牵拉而失稳致使物体打击。

7）保持高塔附墙装置的安全可靠，严格按设计要求安装附着装置，必须安装原制造商制造的标准节和附墙装置，防止因附着装置或标准节缺陷而发生物体打击事故。

（2）起重伤害事故预防

1）提高人的安全意识，推进规章制度执行力，减少人的不安全行为。

2）多台塔机应组织制订防止相互碰撞的措施，塔机之间的最小架设距离应不小于2m。

3）塔机顶升（锚固）应委托有资质的安装单位实施。

4）基础施工符合整机安全要求，并有良好的排水措施。

5）塔机预埋螺栓应有产品合格证，预埋和连接应符合要求。

6）塔身与基础平面的垂直度应不大于4/1000。

7）塔机金属结构应无开焊、裂纹及永久性变形。

8）塔机金属结构连接销轴使用方法应正确，且应安装齐全、紧固，应有可靠的轴向止动措施。

9）塔机各种制动装置应符合技术要求。

10）吊钩禁止补焊，吊钩表面不应有裂纹、破口、凹陷等可见缺陷，吊钩应有防钢丝绳脱钩的保险装置。

（3）机械伤害事故预防

1）按规定每月组织对塔机进行检查和维修，消除隐患。

2）塔机安装后应报检验，检验合格后方准投入使用。

3）塔机平衡重的数量、质量以及安装位置应符合塔机使用说明书的要求，平衡重在塔机上的固定应牢固，工作时不位移、不晃动。

4）附着装置与建筑物连接应可靠，当附着距离大于塔机使用说明书要求时，应进行设计验算，并经专家认可。

5）自升式塔机爬升支承座、顶升支承梁、爬爪应无变形、可见的裂纹等缺陷。

6）塔机主要结构件连接用高强螺栓的性能等级、规格应符合使用说明书的要求，并应有足够的预紧力矩，有防松措施，螺栓头应高出螺母平面两牙。

7）自升塔机液压顶升系统必须配置可靠的平衡阀或液压锁，且连接可靠，无渗漏油现象。

8）高度限位器、力矩限制器、起重量限制器、小车断绳保护装置、吊钩保险装置等齐全有效并有试验记录。

9）钢丝绳的规格、型号及穿绕方式应符合使用说明书的要求，钢丝绳出现断丝、断股现象或达到报废标准应更换。

10）钢丝绳在卷筒上的排列应整齐，无跳槽、交叠现象，当吊钩处于最高位置时，卷筒两侧边缘顶部距卷筒上最外层钢丝绳之间的距离不应小于钢丝绳直径的两倍。

11）钢丝绳绳端固定应符合要求。

12）防钢丝绳跳槽的装置应符合要求。

13）卷筒和滑轮的使用应符合要求，卷筒与过渡滑轮外观不应有裂纹破损。

（4）高处坠落事故预防

1）塔机安装、拆卸人员登高作业时应执行《建筑施工高处作业安全技术规范》JGJ 80 的规定。

2）塔机安装维修人员必须正确使用安全防护用品系，安全带、挂安全绳。

3）司机进入塔机平衡臂或高处区域进行安全检查中应系安全带。

4）高处作业中，使用单位安全管理人员应在现场监控，并采取防范措施。

5）塔机安拆或顶升加节中，施工现场应设置危险源告知牌、安全警戒绳。

（5）预防触电（电击）措施

1）塔机施工用电必须符合《施工现场临时用电安全技术规范》JGJ 46 规定。

2）塔机与障碍物、输电线路的安全距离应符合要求。

3）塔机在高压输电线区域施工要采取安全隔离措施。

4）设置专用开关箱和控制系统，金属结构的接地、防雷符合规范要求。

5）失压保护、零位保护、过流保护、相序保护符合规范要求。

6）在高压输电线区域施工要有安全管理人员现场监控。

7）司机驾驶室设置防护绝缘垫板，防止漏电可能性出现。

8）保持电气设施无缺陷和电线电缆无破皮漏电迹象。

9）塔机顶部的红色障碍灯按规定保持停机不停灯。

参 考 文 献

[1] 住房和城乡建设部工程质量安全监管司. 建筑塔式起重机安装拆卸工 [M]. 北京：中国建筑工业出版社，2010.

[2] 仝茂祥，徐惠. 建筑起重进行安装拆卸工（塔式起重机）[M]. 北京：中国劳动社会保障出版社，2012.

[3] 中国国家标准化管理委员会. 起重机 钢丝绳 保养、维护、检验和报废 GB/T 5972—2016 [S]. 北京：中国标准出版社，2009.

[4] 中国国家标准化管理委员会. 塔式起重机 GB/T 5031—2008 [S]. 北京：中国标准出版社，2009.

[5] 中国国家标准化管理委员会. 塔式起重机安全规程 GB5 144—2006 [S]. 北京：中国标准出版社，2007.

[6] 中华人民共和国住房和城乡建设部. 建筑施工塔式起重机安装、使用、拆卸安全技术规程 JGJ 196—2010 [S]. 北京：中国建筑工业出版社，2010.

[7] 中华人民共和国住房和城乡建设部. 塔式起重机混凝土基础工程技术规程 JGJ/T 187—2009 [S]. 北京：中国建筑工业出版社，2009.

[8] 中华人民共和国住房和城乡建设部. 建筑机械使用安全技术规程 JGJ 33—2012 [S]. 北京：中国建筑工业出版社，2012.

[9] 中华人民共和国劳动人事部. 起重吊运指挥信号 GB 5082—1985 [S]. 北京：国家标准局，中国建筑工业出版社，1986.

[10] 中华人民共和国住房和城乡建设部. 建筑塔式起重机安全监控系统应用技术规程 JGJ 332—2014 [S]. 北京：中国建筑工业出版社，2014.